普通高等职业教育"十三五"规划教材

智能家居项目化教程

曾文波　伦砚波　黄日胜　钟建坤　编著

中国水利水电出版社
www.waterpub.com.cn

·北京·

内 容 提 要

本书以智能家居应用开发作为实例任务,采用项目化、软硬件设计开发相结合的叙述方式,逐步讲解智能家居应用开发的各种方法。全书共分 8 章:构建智能家居应用开发环境、智能家居——照明控制应用、智能家居——家电控制应用、智能家居——环境控制应用、智能家居——防盗控制应用、智能家居——门禁控制应用、智能家居——消费控制应用、智能家居——移动端应用。

本书针对高职院校学生的特点,贯彻落实"以服务为宗旨、以就业为导向、以能力为本位"的职业教育思想,注重培养学生结合相应硬件进行上机程序调试的能力,以实例任务方式引出各知识点,便于学生快速掌握相关知识。

本书可作为高职高专"智能家居应用开发技术"课程的教材,也可作为物联网应用开发或嵌入式产品应用开发的培训教材,还可作为相关工程技术人员的参考书。

图书在版编目(CIP)数据

智能家居项目化教程 / 曾文波等编著. -- 北京 :
中国水利水电出版社,2018.9
  普通高等职业教育"十三五"规划教材
  ISBN 978-7-5170-6858-7

  Ⅰ. ①智… Ⅱ. ①曾… Ⅲ. ①住宅-智能化建筑-高
等职业教育-教材 Ⅳ. ①TU241

  中国版本图书馆CIP数据核字(2018)第209233号

策划编辑:陈红华 责任编辑:张玉玲 加工编辑:周 靖 封面设计:李 佳

书 名	普通高等职业教育"十三五"规划教材 **智能家居项目化教程** ZHINENG JIAJU XIANGMUHUA JIAOCHENG
作 者	曾文波 伦砚波 黄日胜 钟建坤 编著
出版发行	中国水利水电出版社 (北京市海淀区玉渊潭南路 1 号 D 座 100038) 网址:www.waterpub.com.cn E-mail: mchannel@263.net(万水) sales@waterpub.com.cn 电话:(010)68367658(营销中心)、82562819(万水)
经 售	全国各地新华书店和相关出版物销售网点
排 版	北京万水电子信息有限公司
印 刷	三河市铭浩彩色印装有限公司
规 格	184mm×260mm 16 开本 10 印张 242 千字
版 次	2018 年 9 月第 1 版 2018 年 9 月第 1 次印刷
印 数	0001—3000 册
定 价	27.00 元

前　　言

　　本书包括构建智能家居应用开发环境、智能家居——照明控制应用、智能家居——家电控制应用、智能家居——环境控制应用、智能家居——防盗控制应用、智能家居——门禁控制应用、智能家居——消费控制应用、智能家居——移动端应用共 8 个项目。每个项目中包含若干由简单到综合的实训任务。本书以"知识链接"的方式，将项目实施过程中用到的知识点穿插到不同的任务中，这样保证了项目的系统性，也保证了知识结构的相对完整性。

　　编者结合自己多年的教学经验，从项目选取、任务设计、内容重构等方面体现了职业教育"教、学、做"一体化的特色。

　　本书特色如下：

　　（1）本书编写过程采用项目化、任务实例引导的方式，逐步讲解各知识点，循序渐进、易学易懂。以相关硬件作为实验平台，符合职业院校学生学习的特点，可以激发学生的学习兴趣，提高学习的积极性和主动性。

　　（2）各任务实例的选取以"实用、难易适中"为原则，采用合适的任务引导，再从任务完成的过程中提取所涉及的智能家居应用开发的知识点，达到先总后分的目的。任务中相关知识点全面，很大程度上提高了学习效率。

　　（3）实例丰富、代码充分，提供给学生充分的实践空间，时间安排上，任务实验学时约占 50%，讲授知识点学时约占 50%。

　　本书由曾文波、伦砚波、黄日胜、钟建坤编著，曾文波负责对本书编写思路和大纲进行总体策划，并统稿。参加部分编写工作的还有周永福、杨凌等。具体分工如下：第 1、3、4、6 章由曾文波编写，第 2、5、7、8 章由伦砚波、黄日胜、钟建坤共同编写。另外，本书还得到了深圳信盈达电子有限公司吴成宇、秦培良、苏永辉等的帮助，他们参与了大部分案例的调研与测试，在此表示感谢。

　　由于编者水平有限，书中难免有疏漏之处，恳请广大读者批评指正。

编　者

2018 年 7 月

目　　录

前言
第1章　构建智能家居应用开发环境 …………… 1
  1.1　背景简介 ……………………………… 1
    1.1.1　智能家居系统 ………………… 1
    1.1.2　智能家居终端节点模块功能介绍 … 1
    1.1.3　智能家居无线通信 …………… 1
  1.2　硬件结构及其搭建 ………………… 2
    1.2.1　主控端硬件环境搭建 ………… 2
    1.2.2　节点端硬件环境搭建 ………… 2
  1.3　软件环境搭建 ……………………… 4
    1.3.1　主控端软件环境搭建 ………… 4
    1.3.2　节点端软件环境搭建 ………… 12
  1.4　建立一个简单的智能家居项目 …… 18
  本章小结 …………………………………… 21
第2章　智能家居——照明控制应用 …… 22
  2.1　知识背景 ……………………………… 22
    2.1.1　CC1101 模块简介 …………… 22
    2.1.2　CC1101 模块引脚功能 ……… 22
    2.1.3　串行数据接口及寄存器配置 … 23
    2.1.4　数据包格式 …………………… 26
  2.2　项目需求 ……………………………… 29
  2.3　项目设计 ……………………………… 29
    2.3.1　硬件设计 ……………………… 29
    2.3.2　软件设计 ……………………… 30
  2.4　项目实施 ……………………………… 32
    2.4.1　硬件环境部署（主机到节点实际
        部署） ……………………… 32
    2.4.2　主控端项目文件建立、配置及
        程序编写 …………………… 32
    2.4.3　节点端项目文件建立、配置及
        程序编写 …………………… 36
  2.5　项目运行调试 ……………………… 40
  本章小结 …………………………………… 41
第3章　智能家居——家电控制应用 …… 42

  3.1　知识背景 ……………………………… 42
  3.2　项目需求 ……………………………… 42
  3.3　项目设计 ……………………………… 42
    3.3.1　硬件设计 ……………………… 42
    3.3.2　软件设计 ……………………… 44
  3.4　项目实施 ……………………………… 45
    3.4.1　硬件环境部署 ………………… 45
    3.4.2　主控端项目文件建立、配置及
        程序编写 …………………… 45
    3.4.3　节点端项目文件建立、配置及
        程序编写 …………………… 49
  3.5　项目运行调试 ……………………… 53
  本章小结 …………………………………… 54
第4章　智能家居——环境控制应用 …… 55
  4.1　知识背景 ……………………………… 55
    4.1.1　温湿度模块 …………………… 55
    4.1.2　串行通信（单线双向） ……… 56
    4.1.3　烟雾传感器模块 ……………… 59
  4.2　项目需求 ……………………………… 59
  4.3　项目设计 ……………………………… 59
    4.3.1　硬件设计 ……………………… 59
    4.3.2　软件设计 ……………………… 61
  4.4　项目实施 ……………………………… 62
    4.4.1　硬件环境部署 ………………… 62
    4.4.2　主控端项目文件建立、配置及
        程序编写 …………………… 62
    4.4.3　节点端项目文件建立、配置及
        程序编写 …………………… 66
  4.5　项目运行调试 ……………………… 71
  本章小结 …………………………………… 73
第5章　智能家居——防盗控制应用 …………… 74
  5.1　知识背景 ……………………………… 74
    5.1.1　振动传感器（报警系统） …… 74

　　5.1.2　红外对管传感器（报警系统）……… 75
　5.2　项目需求 ……………………………… 77
　5.3　项目设计 ……………………………… 77
　　5.3.1　硬件设计 ……………………… 77
　　5.3.2　软件设计 ……………………… 79
　5.4　项目实施 ……………………………… 81
　　5.4.1　硬件环境部署 ………………… 81
　　5.4.2　主控端项目文件建立、配置及
　　　　　程序编写 ……………………… 81
　　5.4.3　节点端项目文件建立、配置及
　　　　　程序编写 ……………………… 84
　5.5　项目运行调试 ………………………… 91
　本章小结 …………………………………… 92
第6章　智能家居——门禁控制应用 ……… 93
　6.1　知识背景 ……………………………… 93
　6.2　项目需求 ……………………………… 94
　6.3　项目设计 ……………………………… 94
　　6.3.1　硬件设计 ……………………… 94
　　6.3.2　软件设计 ……………………… 96
　6.4　项目实施 ……………………………… 97
　　6.4.1　硬件环境部署 ………………… 97
　　6.4.2　主控端项目文件建立、配置及
　　　　　程序编写 ……………………… 97
　　6.4.3　节点端项目文件建立、配置及
　　　　　程序编写 ……………………… 101
　6.5　项目运行调试 ………………………… 105
　本章小结 …………………………………… 107
第7章　智能家居——消费控制应用 ……… 108
　7.1　知识背景 ……………………………… 108
　　7.1.1　热敏打印机原理 ……………… 108
　　7.1.2　打印头工作原理 ……………… 109
　　7.1.3　步进电机驱动时序 …………… 112
　　7.1.4　缺纸侦测 ……………………… 112
　　7.1.5　热敏电阻 ……………………… 113
　　7.1.6　M32 采用 SW 模式下载程序的方法·113

　　7.1.7　字库的原理与应用 …………… 114
　　7.1.8　蓝牙模块 HC-05 ……………… 119
　7.2　项目需求 ……………………………… 121
　7.3　项目设计 ……………………………… 122
　　7.3.1　硬件设计 ……………………… 122
　　7.3.2　软件设计（蓝牙热敏打印机）… 125
　7.4　项目实施 ……………………………… 128
　　7.4.1　硬件环境部署 ………………… 128
　　7.4.2　主控端项目文件建立、配置及
　　　　　程序编写 ……………………… 128
　7.5　项目运行调试 ………………………… 129
　本章小结 …………………………………… 130
第8章　智能家居——移动端应用 ………… 131
　8.1　知识背景 ……………………………… 131
　　8.1.1　USR-Wi-Fi232 模组简介 …… 131
　　8.1.2　μC/OS-II 简介 ……………… 134
　　8.1.3　智能家居通信协议 …………… 134
　8.2　项目需求 ……………………………… 138
　8.3　项目设计 ……………………………… 138
　　8.3.1　硬件设计（直接传输到 Android 端
　　　　　的相关设计）………………… 138
　　8.3.2　软件设计（直接传输到 Android 端
　　　　　的相关设计）………………… 138
　8.4　项目实施 ……………………………… 139
　　8.4.1　硬件环境部署 ………………… 139
　　8.4.2　主控端项目文件建立、配置及
　　　　　程序编写 ……………………… 139
　　8.4.3　节点端项目文件建立、配置及
　　　　　程序编写 ……………………… 147
　　8.4.4　应用层项目文件建立、配置及
　　　　　程序编写（Android）………… 148
　8.5　项目运行调试 ………………………… 149
　本章小结 …………………………………… 150
参考文献 …………………………………… 151

第1章　构建智能家居应用开发环境

1.1　背景简介

1.1.1　智能家居系统

（1）智能家居控制系统由三部分组成：上位机、控制终端、各个节点。一个控制终端可以管理多个节点。

（2）上位机通过 Wi-Fi 发送数据/发短信/打电话到控制终端，控制终端解析上位机的指令后控制各个节点执行相应动作：

1）开关灯、调光。

2）开关窗帘。

3）读取温湿度数据。

4）检测有没有非法入侵（防盗）。

（3）在没有上位机的情况下，可以直接使用控制终端的控制界面进行相应控制。

（4）当振动传感器检测到有效振动次数后，控制终端会播放报警声，同时发送短信到指定号码。

1.1.2　智能家居终端节点模块功能介绍

（1）照明电路（开关、亮度调节）：主控 CPU 采用 STM8。

（2）窗帘控制（开关、自动感应）：主控 CPU 采用 STM8。

（3）空调冰箱（自动调节）：主控 CPU 采用 CORTEX-M0/M3。

（4）报警系统（红外人体感应、振动、压力等报警）：主控 CPU 采用 CORTEX-M3。

（5）多彩灯控制（通过 PWM 调节不同颜色及灯亮度）：主控 CPU 采用 STM8。

（6）厨房控制：主控 CPU 采用 CORTEX-M3。

（7）安防监控：主控 CPU 采用 CORTEX-M3。

（8）功放音响：主控 CPU 采用 STC89C51。

（9）环境检测（温度、湿度、有毒气体检测、烟雾报警）：主控 CPU 采用 STM8。

（10）节能系统：主控 CPU 采用 CORTEX-M3/M4。

1.1.3　智能家居无线通信

智能家居系统可以通过无线通信控制家电设备，无线通信无需有线介质，安装简易。有关智能家居的无线通信技术应用包括 Wi-Fi 的软硬件实现、Wi-Fi 在智能家居中的应用场景、433M 的软硬件实现、433M 在智能家居中的应用场景、GSM 在智能家居中实现远程控制。

1.2　硬件结构及其搭建

1.2.1　主控端硬件环境搭建

主控端主要模块框图如图 1-1 所示。

| 7 寸彩色电阻屏 | GSM 模块 | Wi-Fi 无线网卡 | 音频及放大电路 |

STM32F 103ZET6 主控端

| 串口通信模块 | 稳压电路 | PA-PG 端口 | 无线 433M 模块 |

图 1-1　主控端模块框图

主控端用到的主要芯片有：STM32F103ZET6、USB 转串口（CH340）、串口电平转换芯片（SP3232）、SD 卡（大卡）、EEPROM（24C02）、FLASH（25Q64）、红外接收头、音频编解码、JTAG/SWD、SRAM（IS62WV51216）、7 寸屏驱动芯片（1963）、GSM 模块（SIM900A）、Wi-Fi 模块（USR-Wi-Fi232-T）、无线 433M（CC1101）、节点模块主控芯片（STM8）。

程序下载注意事项：硬件 PCB 板上 J8 中的 BOOT0 和 BOOT1 用于设置 STM32 的启动方式，说明如表 1-1 所示。一般使用时，BOOT0 和 BOOT1 均接 GND。

表 1-1　BOOT0 和 BOOT1 说明

BOOT0	BOOT1	启动模式	说明
0	X	用户闪存存储器	用户闪存存储器，也就是 FLASH 启动
1	0	系统存储器	系统存储器启动，用于串口下载
1	1	SRAM 启动	SRAM 启动，用于在 SRAM 中调试代码

主控端用 12V 电源，J-Link 或 ST-Link 接到 JTAG 接口（主控板 J9 上）。系统开发软件平台用 MDK，MDK 可以是 keil4 或 keil5 版本。系统开发需要安装 keil 软件和 J-Link 或 ST-Link 驱动。

1.2.2　节点端硬件环境搭建

1. 节点硬件简介

（1）通用节点。

通用节点框图如图 1-2 所示，包含如下硬件：电源电路 12V 转 5V（芯片 MP2303）、5V 转 3.3V（芯片 1117-3V3），温湿度模块（DHT11），433M 无线通信（CC1101），振动报警器模块（专用汽车防盗），红外报警模块（红外对管，38kHz），有毒气体检测模块 MQ2，PH 值检测模块，电机驱动模块（控制窗帘，直流电机），串口通信电路（节点主控串口），节点主控复位电路（节点主控芯片复位电路），程序烧录电路（节点主控烧录程序电路），数字光强度（光照传感器）。

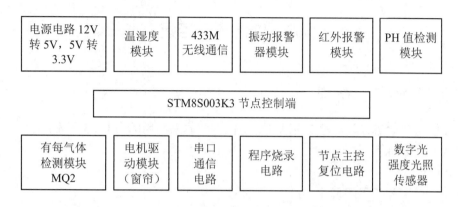

图 1-2　通用节点框图

注意事项：电源电压 12V，不要超过，否则超过稳定芯片范围。

（2）LED 节点。

LED 节点框图如图 1-3 所示。

图 1-3　LED 节点框图

该节点包含如下硬件：

● 无线模块 433M-CC110：用于与主机通信。

● 节点主控芯片 STM8S003F3。

● RGB 三色灯。

● 电源 12V 转 3.3V：供给各模块（433 模块、节点主控芯片 STM8）。

● 电源 12V：供给 LED 驱动芯片 PT4115，通过 STM8 发出 PWM 控制 LED 驱动芯片（PT4115），将 12V 转化为对应的电压供给 RGB 三色灯，从而控制其亮度。

● 串口模块：用于串口通信。

● 烧录电路：用于给 STM8 下载程序（采用 SW 方式）。

● 复位电路：用于给单片机 STM8 复位（电路中有上电复位和按键复位两种复位方式）。

注意事项：电源电压 12V，不要超过，否则超过稳定芯片范围。

2. 节点端环境搭建

硬件连接：12V 电源，ST-Link 接到 SW 烧录接口上。

软件采用 STM8 编程软件 IAR V1.4 版本，其他版本亦可。

1.3　软件环境搭建

1.3.1　主控端软件环境搭建

使用 MDK515 创建工程，建议用 keil5 或 keil4，本书中用的是 keil5 版本。

下载器：ST-Link

电源：12V2A

CPU 型号：STM32F103ZE

工程建立步骤如下：

第一步：准备文件夹。

（1）新建一个文件夹，用来保存将要创建的工程，如图 1-4 所示。

（2）打开该文件夹，再创建一个文件夹，命名为 user，如图 1-5 所示。

图 1-4　工程文件夹

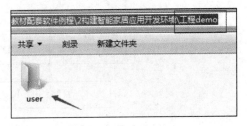

图 1-5　创建 user 文件夹

（3）打开 user 文件夹，再创建两个文件夹，分别命名为 src、inc，如图 1-6 所示。

1）src 文件夹：保存自己写的源代码，也就是用来保存 .c 文件。

2）inc 文件夹：保存自己写的头文件，也就是用来保存 .h 文件。

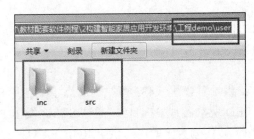

图 1-6　创建 src、inc 文件夹

（4）将固件库里面的 Libraries 文件夹复制到工程目录下，如图 1-7 和图 1-8 所示。

注意：固件库可以在 ST 官网免费下载。

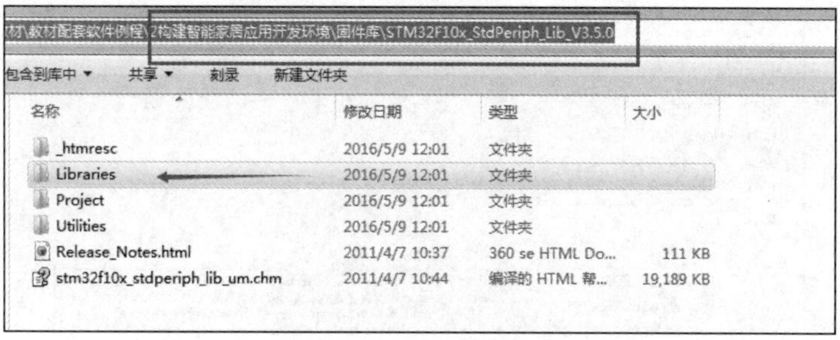

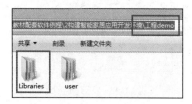

图 1-7　文件夹复制

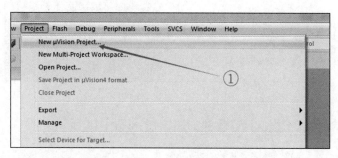

图 1-8　复制后的结果图

第二步：打开 keil5，新建工程，如图 1-9 所示。将工程保存在第一步建立的工程文件夹下面，如图 1-10 所示。芯片选择如图 1-11 所示。

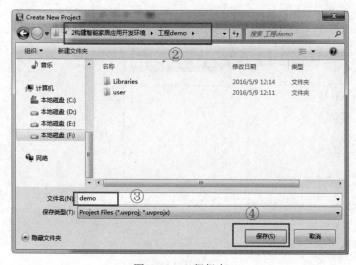

图 1-9　创建工程

图 1-10　工程保存

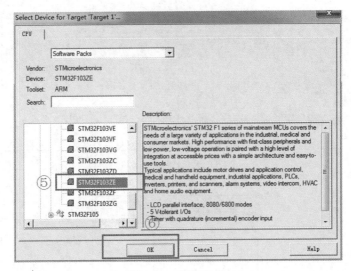

图 1-11　芯片选择

单击 OK 按钮，弹出另一个界面，直接按回车键，结果如图 1-12 所示。

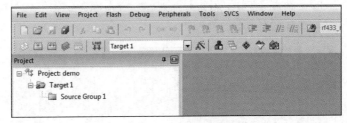

图 1-12　工程建立结果图

第三步：添加文件到工程，操作步骤如图 1-13 和图 1-14 所示。

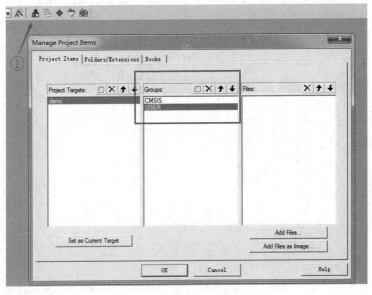

图 1-13　添加文件到工程

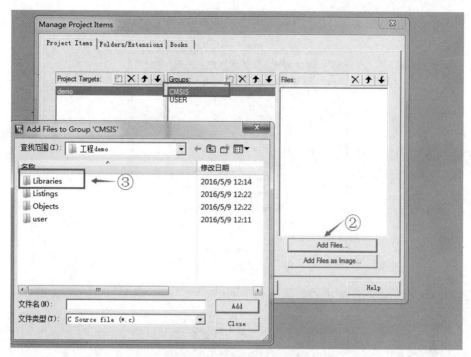

图 1-14　添加文件到工程

　　双击可以更改条目的名字，这里我们新建了两个组：CMSIS、USER。其中 CMSIS 用于添加系统相关文件，USER 用于添加自己写的源文件。

　　添加完成后如图 1-15 所示。

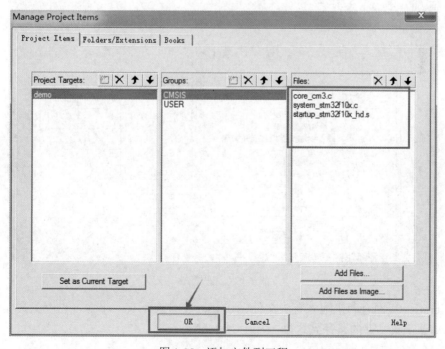

图 1-15　添加文件到工程

单击 OK 按钮，结果如图 1-16 所示。

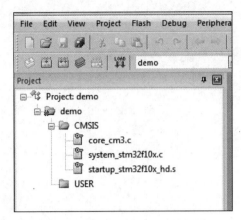

图 1-16　添加文件到工程结果图

第四步：配置工程，详细步骤如图 1-17 所示。

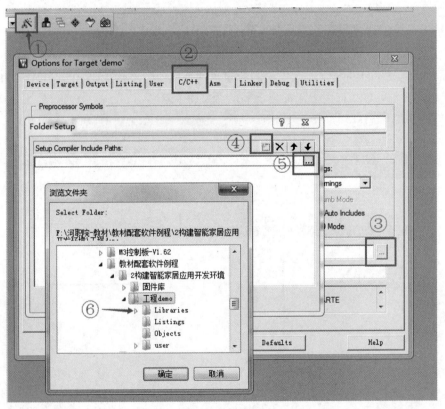

图 1-17　工程配置

在 Libraries 里面有两个地方有头文件，在 user 文件夹下有一个地方也有头文件，所以我们需要添加 3 个头文件的路径到这里。

添加好后如图 1-18 所示。

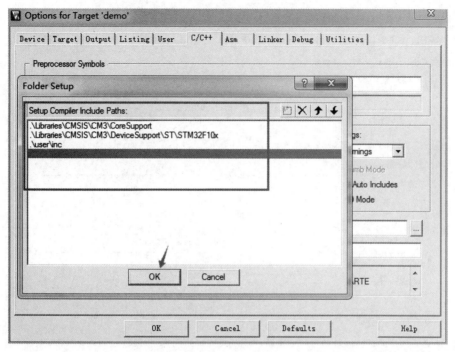

图 1-18　工程配置

直接单击 OK 按钮，接下来配置调试下载相关的部分，选择 ST-Link，如图 1-19 至图 1-21 所示。

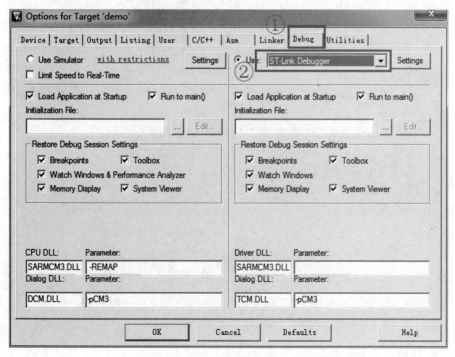

图 1-19　工程配置

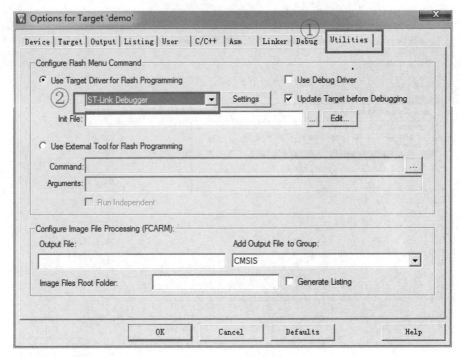

图 1-20　工程配置

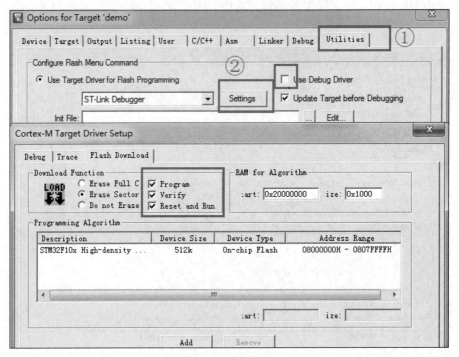

图 1-21　工程配置

单击 OK 按钮，工程配置完毕。

第五步：新建一个 c 程序文件，添加至 user 文件夹，如图 1-22 和图 1-23 所示。

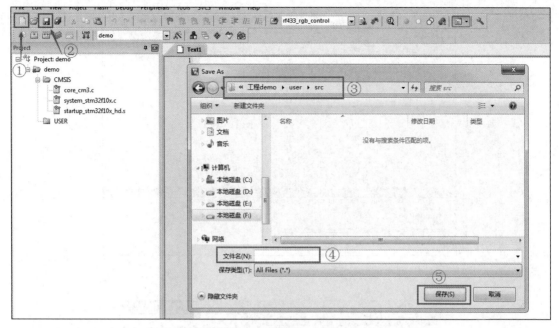

图 1-22　创建 c 文件

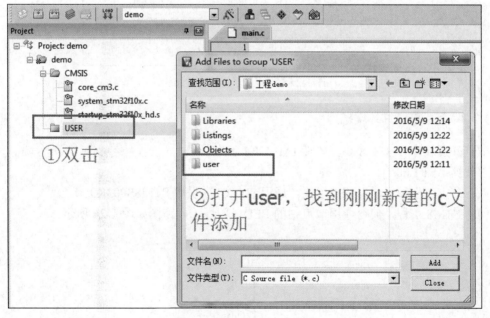

图 1-23　添加至 user 文件夹

第六步：下载。

编写一个简单的 c 程序并编译，如图 1-24 所示。

编译成功后将程序烧录到芯片中。

整个工程到此创建完成，工程目录下的文件结构如图 1-25 所示。

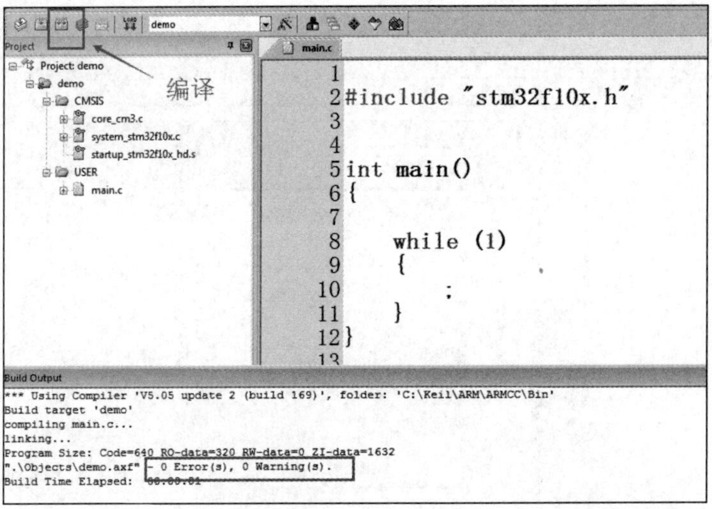

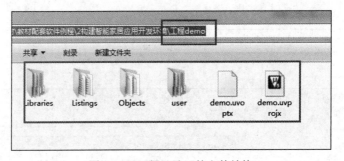

图 1-24　编译

图 1-25　工程目录下的文件结构

1.3.2　节点端软件环境搭建

节点开发软件为 STM8 编程软件 IAR V1.4 版本。

下载器：ST-Link。

以下节点工程采用通用节点模块，通用节点 CPU 采用 STM8S003K3。

创建 STM8 工程，使得通用节点中的 LED 3 闪烁，电路图如图 1-26 所示。

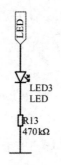

图 1-26　LED 3 电路图

第一步：新建文件夹。

（1）在硬盘中新建一个文件夹，如图 1-27 所示。

（2）进入该文件夹，新建两个空白文件夹，如图 1-28 所示。

图 1-27　新建文件夹

图 1-28　新建文件夹

第二步：打开 IAR 软件，进入 IAR 编译环境，如图 1-29 所示。

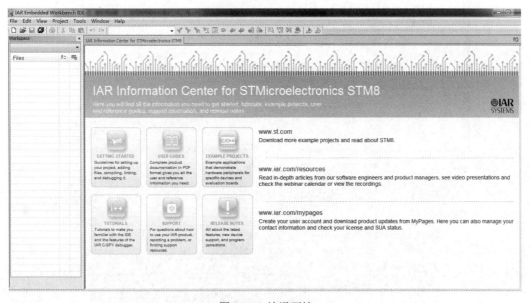

图 1-29　编译环境

第三步：先选择 File→New→Workspace，再选择 Project→Create New Project，出现如图 1-30 所示的对话框。

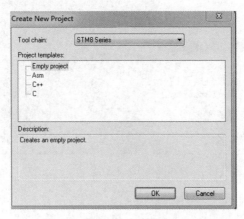

图 1-30　对话框

第四步：在 Project templates 中选择第一项 Empty Project，单击 OK 按钮。为新建的工程起名 test，单击"保存"按钮，如图 1-31 所示。

图 1-31　文件保存

第五步：为工程新建一个组，如图 1-32 所示。

图 1-32　新建组

为新建的组起名字，如图 1-33 所示。

第六步：再新建一个组并起名字，如图 1-34 所示。

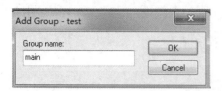

图 1-33　给组命名

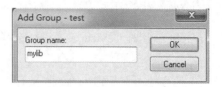

图 1-34　给组命名

第七步：增加文件，如图 1-35 所示。

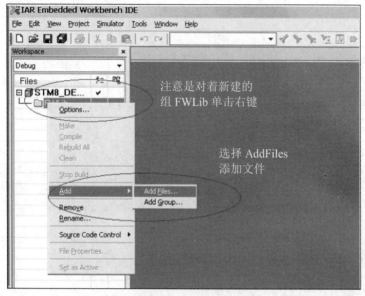

图 1-35　增加文件

第八步：单击 Add Files 之后会弹出如图 1-36 所示的对话框，选择要添加的 .c 文件，单击"打开"按钮，结果如图 1-37 所示。

图 1-36　添加文件

第九步：设置。

单击 Options，对 Device 选项进行选择，如图 1-38 所示。

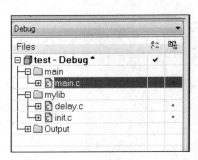

图 1-37   添加结果

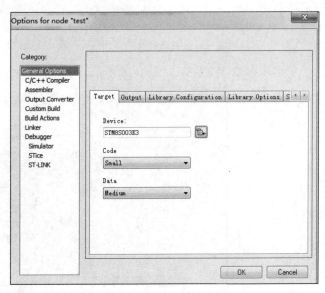

图 1-38   Device 选项设置

第十步：选择 C/C++ Compiler 选项，进行设置。选项 Additional include directories、Preinclude、Defined symbols 的设置如图 1-39 所示。

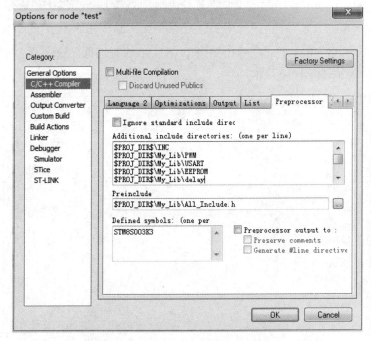

图 1-39   C/C++ Compiler 选项设置

第十一步：设置下载器，如图 1-40 所示。设置好后单击 OK 按钮。

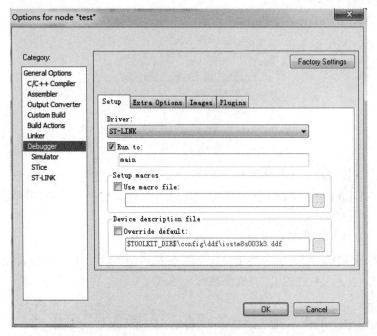

图 1-40　Debugger 选项设置

第十二步：单击 图标，如图 1-41 所示。

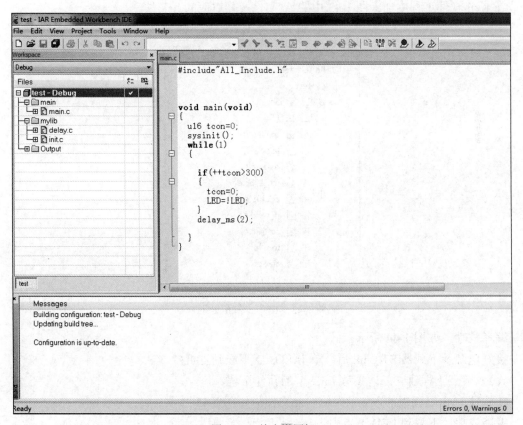

图 1-41　单击 图标

第十三步：单击 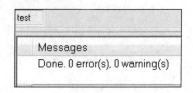 编译，如图 1-42 所示。

图 1-42　编译

第十四步：下载程序，单击 图标。

注意，用 ST-Link 时，线的连接要一一对应（下载器与板子都有注明引脚功能，请仔细核对）。

第十五步：程序下载后断电重启，之后开始运行。

注意：①电源 12V，可与主机共用；②如果程序移动了位置（如从 D 盘复制到了 E 盘，在 E 盘中打开），应先 rebuild all，否则会报路径错误。

1.4　建立一个简单的智能家居项目

（1）主机工程建立，请参考 1.3.1 节。

在 Keil 软件工程中加入图 1-43 中的 .c 文件及其对应的.h 文件。

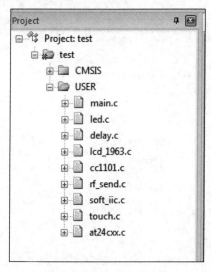

图 1-43　加入.c 和.h 文件

编译成功，如图 1-44 所示。

接好电源及下载器 ST-Link 后，单击 LOAD 下载到主机中。

（2）节点工程建立，请参考 1.3.2 节的新建工程。

在软件 IAR 工程中加入.c 及对应的.h 文件，如图 1-45 所示。

编译成功，下载到 LED 节点中。

```
F:\物联网智能家居程序\工程demo\demo.uvprojx - μVision
File  Edit  View  Project  Flash  Debug  Peripherals  Tools  SVCS  Window  Help
```

```
CR1
```

```
Project                              main.c
Project: demo                    19
  demo                           20  /*******************************************
    CMSIS                        21   * 功能说明：主函数，程序入口
      core_cm3.c                 22   * 输入参数：none;
      system_stm32f10x.c         23   * 输出参数：none;
      startup_stm32f10x_hd.s     24   * 返回值：  none;
    USER                         25   *******************************************/
      at24cxx.c                  26   int main()
      cc1101.c                   27  {
      delay.c                    28   init_delay(72);
      lcd_1963.c                 29   init_led();
      led.c                      30   init_lcd();
      main.c                     31   init_tp();
      rf_send.c                  32   init_cc1101();
      soft_iic.c                 33
      touch.c                    34   /* 绘制LCD人机交互窗口 */
                                 35   lcd_user_interface("test 1! ------ wulianwang-zhinengjiaju");
                                 36
                                 37   while (1)
                                 38   {
                                 39     /* 触摸屏接口函数，窗口按键按下，返回1 */
                                 40     if ( tp_user_interface() )
                                 41     {
                                 42       /* 无线RGB节点控制 */
                                 43       rf433_rgb_control(255, 255, 33);//R G B
                                 44     }
                                 45
                                 46     /* 获取无线节点地址 */
                                 47     rf433_slave_addr_get();
```

```
Build Output
Program Size: Code=12134 RO-data=1958 RW-data=16 ZI-data=1736
".\Objects\demo.axf" - 0 Error(s), 0 Warning(s).
```

图 1-44　编译成功

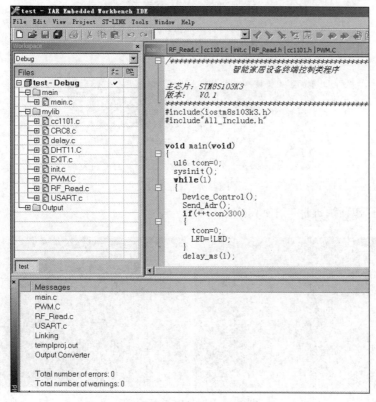

图 1-45　加入.c 和.h 文件

（3）对主机7寸屏进行校正。如果点得不准确，则一直在校正界面。校正后主机7寸屏界面如图1-46所示。

图1-46 界面

根据图1-46中的提示录入节点地址。

长按节点按键，直到地址录入，此时节点上的LED灯就会快速地闪烁，此时松开按键，按键如图1-47所示。

图1-47 节点按键

节点地址如图1-48所示。

图1-48 节点地址

节点LED灯快速闪烁如图1-49所示。

图1-49 节点LED灯闪烁

此时主机与节点地址匹配完成。

（4）点主机界面上的 BUTTON 按钮，如图 1-50 所示。

图 1-50　主机界面

节点从机灯会亮，再点一下 BUTTON 就会灭，如图 1-51 所示。

图 1-51　节点从机灯

本章小结

　　本章主要讲述如何构建智能家居应用开发环境，分别从知识背景、硬件结构及其搭建、软件环境搭建、建立一个简单的智能家居项目等角度展开阐述，注重培养结合相应硬件进行上机建立一个简单的智能家居项目程序并调试的能力，以任务方式引出相关知识点，便于快速掌握相关知识。

第 2 章　智能家居——照明控制应用

2.1　知识背景

照明控制是采用自动控制技术及智能管理技术对建筑及环境照明的光源或灯具设备的开启、关闭、调节等实施控制与管理，以达到建筑节能、传感联动和展现环境艺术等目的。本章讲解如何对照明灯进行控制。

需要用到的硬件有：7 寸屏、触摸屏、433 模块、24C0XX，涉及的协议有 IIC 协议、SPI 协议。

实现照明控制应用的硬件模块有：主机 CPU（STM32F103ZET6）、节点 CPU（STM8S103K3）、照明灯（RGB，通过 PWM 调节灯的亮度）。

2.1.1　CC1101 模块简介

CC1101 是集 FSK/ASK/OOK/MSK 调制方式于一体的收发模块，实物图如图 2-1 所示。它提供扩展硬件支持实现信息包处理、数据缓冲、群发信息、空闲信道评估、链接质量指示和无线唤醒等功能。它可以应用在 315/433/868/915MHz ISM/SRD 频段的系统中，比如 PKE-无钥门禁系统、无线安防系统、AMR-远程抄表系统、工业监控系统、无线传感器网络、建筑物（智能家居）控制系统、工业仪器仪表无线数据采集和控制系统、无线鼠标、无线键盘、无线类玩具等消费电子产品、物流跟踪系统、仓库巡检系统等。

图 2-1　无线模块实物图

2.1.2　CC1101 模块引脚功能

CC1101 模块引脚图如图 2-2 所示，对应的引脚功能说明如表 2-1 所示。

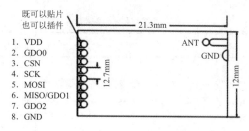

图 2-2　CC1101 引脚图

表 2-1　模块引脚说明

引脚	标识	功能说明
1	VDD	电源，必须是 1.9V~3.6V
2	GDO0	可以配置以产生触发信号或时钟信号
3	CSN	串行配置接口，片选（低电平有效）
4	SCK	串行配置接口，时钟输入
5	MOSI	串行配置接口，数据输入
6	MISO/GDO1	串行配置接口，数据输出，当 CSN 为高电平时，可选通用输出引脚
7	GDO2	可以配置以产生触发信号或时钟信号
8	GND	接地

2.1.3　串行数据接口及寄存器配置

通过一个简单的 4 线 SPI 兼容接口（SI、SO、SCLK 和 CSN）便可对 CC1100 进行配置，此时 CC1100 为从属器件。该接口还可以用于读取和写入缓冲数据，其上的所有数据传输均以最高位开始。SPI 接口上的所有事务均以一个报头字节作为开始，该字节包含一个 R/W 位，一个突发存取位，以及一个 6 位地址（A5~A0）。在 SPI 总线传输数据期间，CSN 引脚必须保持低电平。在传输报头字节或读/写寄存器期间，如果 CSN 电平升高，那么传输就会被取消。拉低 CSN 电平时，在开始传输该报头字节以前，MCU 必须等待，直到 CC1100 SO 引脚变为低电平为止。这表明，晶体正在运行。除非芯片处在 SLEEP 或 XOFF 状态，否则 SO 引脚总会在 CSN 变为低电平后立即变为低电平。

1. 串行接口时序

串行接口时序如图 2-3 所示，时序参数如表 2-2 所示。

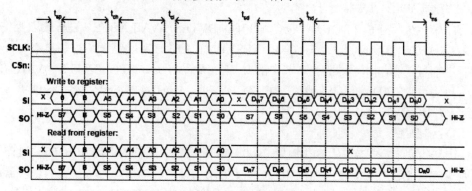

图 2-3　寄存器读写时序

表 2-2　时序参数

参数	描述	最小值	最大值	单位
f_{SCLK}	SCLK 频率 在地址字节和数据字节之间（单存取），或在地址和数据之间以及每一个数据字节之间（突发存取），插入 100ns 延迟	—	10	MHz
	SCLK 频率，单存取 地址与数据字节之间无延迟	—	9	
	SCLK 频率，突发存取 地址与数据字节之间或数据字节之间均无延迟	—	6.5	
$t_{sp,pd}$	断电模式下，CSN 电平低至 SCLK 正边缘	150	—	μs
t_{sp}	工作模式下，CSN 电平低至 SCLK 正边缘	20	—	ns
t_{ch}	时钟高电平	50	—	ns
t_{cl}	时钟低电平	50	—	ns
t_{rise}	时钟上升时间	—	5	ns
t_{fall}	时钟下降时间	—	5	ns
t_{sd}	建立数据（负 SCLK 边缘）至 SCLK 正边缘	55	—	ns
	（t_{sd} 适用于地址和数据字节之间以及数据字节之间）	76	—	
t_{hd}	在 SCLK 正边缘之后保持数据	20	—	ns
t_{ns}	SCLK 负边缘到 CSN 高电平	20	—	ns

2. CC1101 芯片状态字节

当通过 SPI 接口发送报头字节、数据字节或指令选通脉冲时，芯片状态字节由 CC1101 通过 SO 引脚发送。该状态字节包含一些关键的状态信号，对于 MCU 而言非常有用。第 1 位 s7 为 CHIP_RDYn 信号，该信号在 SCLK 首个正边缘以前必须变为低电平。CHIP_RDYn 信号表明晶体正在运行。

第 6、5 和 4 位由 STATE 值组成，该值反映了芯片状态。IDLE 状态下，数字内核的 XOSC 和电源均为开启状态，但是所有其他模块都处在断电模式下。只有芯片处于这种状态时，才需要对频率和信道配置进行更新。当该芯片处于接收模式时，RX 将处于工作状态。同样，当该芯片处在发送模式时，TX 将处于工作状态。

状态字节中最后 4 位（3~0）中包含了 FIFO_BYTES_AVAILABLE。进行读取操作时（将报头字节中的 R/W 位设置为 1），FIFO_BYTES_AVAILABLE 字段包含了可从 RXFIFO 读取的字节数。进行写入操作时（将报头字节中的 R/W 位设置为 0），FIFO_BYTES_AVAILABLE 字段包含了可写至 TXFIFO 的字节数。当 FIFO_BYTES_AVAILABLE=15 时，15 或更多字节均为可用字节/自由字节。

3. 寄存器配置

CC1100 的配置寄存器位于 SPI 地址 0x00~0x2E 之间。配置的内容在 BIT0~BIT5 中，读写控制是 BIT7，BIT7 为 1 时，为读相应的寄存器，BIT7 为 0 时，为写相应的寄存器。BIT6 是突发访问（连续读或写）控制位，BIT6 为 1 时为突发访问，BIT6 为 0 时为单字节访问。强烈推荐使用 SmartRF Studio 专用配置软件来生成最佳寄存器设置。

（1）每当一个字节通过芯片 SI 引脚写入到寄存器时，状态字节将被送到 SO 引脚。

（2）当 CSN 引脚变低，MCU 必须等待 SO 引脚电平变低，表明内部稳定（或者不忙），除非芯片处于 Sleep 或者 XOFF 状态，或者 CSN 变低后 SO 会立即变低。

（3）只有使芯片处于 XOSC 空闲状态，并且其他模块处于功率降低状态，这时候频率和信道配置才能被更新。

（4）状态字的最后 4 个字节表示 FIFO 的可用字节，其最大值是 15，此时表示 15 或者更多字节是可以使用的。状态字节包含将其写入 TX FIFO 过程以前自由的字节数。当可写入 TXFIFO 的最后一个字节在 SI 上发送时，在 SO 上接收到的状态字节将表明 TX FIFO 中存在一个自由字节。

（5）寄存器进行连续字节访问时，内部计数器会自动设置起始地址，每增加一个字节，地址会自动加 1，无论是读还是写，必须通过 CSN 拉高终止。

（6）命令滤波（指令选通脉冲）其实就是芯片的单字节指令，通过指令对寄存器的选址，内部的功能进行相应的启动或者关闭，例如设置芯片进入接收模式，只需通过 SPI 发送 0x34 即可，不用像前面那样对寄存器先写地址后写数据。

（7）关于 FIFO 的访问，首先这个是 64 字节，可以通过单字节访问或者突发访问（也就是连续访问），它们的地址是 0x3F，其实 FIFO 分为 TX FIFO 和 RX FIFO 两个单独的 64 数据区，当 BIT7 是 0 时访问的是 TX FIFO，BIT7 是 1 时 RX FIFO 被访问。BIT6 是突发访问控制位，当 BIT6 为 1 时，选择的是突发访问，BIT6 为 0 时是单字节访问。这样就可以得到：

0x3F：单字节访问　TX FIFO

0xBF：单字节访问　RX FIFO

0x7F：突发访问　TX FIFO

0xFF：突发访问　RX FIFO

（8）当芯片进入休眠状态时，两个 FIFO 都被刷新为空。

（9）PATABLE 的访问是用来设置发射功率的。地址是 0x3E，里面有 8 个字节的表，接收地址 SPI 要等待 8 个字节。读写还是通过读写位控制，突发访问或单字节访问还是通过突发位控制。其内部有个计数器，当计数到 7 时会自动在下次变为 0。当设置 CSN 为高时，内部的计数器会变为 0。当 PATABLE 进入睡眠状态时，其所存储的内容将会丢失。

（10）一般所有的滤波命令会立即执行，但是 SPWD（休眠滤波命令）不会立即执行，它会延迟到 CSN 为高时执行。

（11）接收模式下的数据包滤波，CC1101 支持包括地址滤波和最大长度滤波两种滤波方式。

地址滤波：设置 PKTCTRL1.ADR_CHK 大于 0 开启数据包地址滤波，radio 将数据包中的目标地址字节的值同自己的 ADDR 寄存器值和广播地址（0x00,0xFF）进行比较，如果匹配则数据包被写到 RX FIFO，否则数据包被丢失。

最大长度滤波：在可变数据包长度模式下，PKTLEN.PACKET_LENGTH 寄存器的值用来设置最大允许数据包长度，当接收字节值比这个值大时数据包被丢弃。

2.1.4　数据包格式

可以对数据包格式进行配置，数据包格式如图 2-4 所示，其组成包括前导、同步字、可选长度字节、可选地址字节、有效负载、可选 2 字节 CRC。

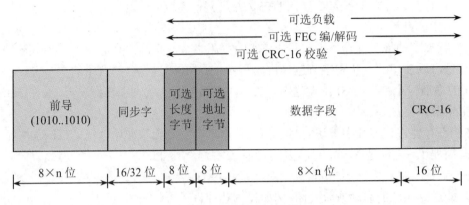

图 2-4　数据包格式

（1）前导位的形式是一个交互的 0、1 序列（01010101……）。前导的最小长度是可以通过 MDMCFG1.NUM_PREAMBLE 的值进行设置的。当开启 TX 模式时，调制器将开始发送前导。当前导字节被发送完毕时，调制器就开始发送同步字，然后发送来自 TX FIFO 的数据（如果是有效数据的话）。若 TX FIFO 为空，调制器将继续发送前导字节，直到第一个字节被写入 TX FIFO 为止。调制器随后将发送同步字，然后发送数据字节。

（2）同步字是设置于 SYNC1 和 SYNC0 两个寄存器中的 2 字节值。同步字提供了输入数据包的字节同步功能。一个 1 字节同步字可通过设置前导形式的 SYNC1 值来仿真。通过设置 MDMCFG2.SYNC_MODE=3 或 7 亦可仿真一个 32 位同步字。该同步字随后将被重复两次。

（3）CC1100 可支持固定数据包长度协议和可变数据包长度协议。可变或固定数据包长度模式可用于长达 255 字节的数据包。对更长的数据包而言，必须使用无长度限制的数据包模式。通过设置 PKTCTRL0.LENGTH_CONFIG=0 可选择固定数据包长度模式。理想的数据包长度由 PKTLEN 寄存器来设置。

（4）在可变数据包长度模式下，即 PKTCTRL0.LENGTH_CONFIG=1，通过同步字后面的第一个字节来配置数据包长度。数据包长度被定义为有效负载数据长度，但不包括长度字节和可选 CRC。PKTLEN 寄存器用于设置 RX 模式中允许的最大数据包长度。任何长度字节值大于 PKTLEN 的接收数据包将被丢弃。当设置 PKTCTRL0.LENGTH_CONFIG=2 时数据包长度设置为无限，发送和接收工作将继续进行，直到手动关闭为止。

1. 任意长度配置

可在接收和发送期间对数据包长度寄存器 PKTLEN 重新设置。结合固定数据包长度模式（PKTCTRL0.LENGTH_CONFIG=0），可实现支持可变长度数据包以外不同长度域配置的可能性（在可变包长度模式下，长度字节就是同步字之后的第一个字节）。在接收之初，数据包长度设置为一个较大的值。MCU 读出足够的字节以解释数据包中的长度域。然后，根据这个值来设定 PKTLEN 值。当数据包处理器中的字节计数器的值相当于 PKTLEN 寄存器的值时，便到达了数据包的末端。因此，在内部计数器的值到达数据包长度值之前，MCU 必须要能够设置正确。

2. 数据包长度大于 255

数据包自动控制寄存器 PKTCTRL0 可以在 TX 和 RX 模式下完成重新设置，这样一来就使得发送和接收长于 256 字节的数据包成为可能，并且还可以利用数据包处理硬件支持。在数据包一开始，必须激活无限数据包长度模式（PKTCTRL0.LENGTH_CONFIG=2）。在 TX 端，将 PKTLEN 寄存器设置为 mod (length,256)。在 RX 端，MCU 读取足够的字节以解释数据包中的长度域，并将 PKTLEN 寄存器设置为 mod (length,256)。当数据包剩余字节少于 256 字节时，MCU 关闭无限数据包长度模式，并开启固定数据包长度模式。当内部字节计数器的值达到 PKTLEN 值时，则发送或接收终止（无线电设备进入由 TXOFF_MODE 或 RXOFF_MODE 决定的状态）。另外，还可使用自动 CRC 添加/校验（通过设置 PKTCTRL0.CRC_EN=1）。例如，当发送一个 600 字节的数据包时，MCU 应完成如下步骤：

（1）设置 PKTCTRL0.LENGTH_CONFIG=2。

（2）预设置 PKTLEN 寄存器为 mod (600,256) = 88。

（3）发送至少 345 字节（600-255），例如填充 64 字节 TX FIFO 六次（发送了 384 字节）。

（4）设置 PKTCTRL0.LENGTH_CONFIG=0。

（5）数据包计数器的值达到 88 时结束发送。总计发送了 600 字节。数据包处理器的内部字节计数器从 0 计数到 255。

3. 接收模式下的数据包滤波

CC1100 支持三种不同类型的数据包滤波：地址滤波、最大长度滤波、CRC 滤波。

（1）地址滤波。

设置 PKTCTRL1.ADR_CHK 为 0 以外的任何值便可开启数据包地址滤波器。该包处理器引擎会将数据包中的目标地址字节与 ADDR 寄存器中的编程节点地址，以及 PKTCTRL1.ADR_CHK=10 时的 0x00 广播地址或者 PKTCTRL1.ADR_CHK=11 时的 0x00 和 0Xff 广播地址进行比较。如果接收到的地址匹配到一个有效地址，则接收该数据包，并将其写入 RX FIFO。如果地址匹配失败，则丢弃该数据包，并重新启动接收模式（与 MCSM1.RXOFF_MODE 设置无关）。当使用无限数据包长度模式并且地址滤波开启时，如果接收到的地址匹配一个有效地址，那么 0xFF 便会被写入 RX FIFO，之后是地址字节，最后是有效负载数据。

（2）最大长度滤波。

在可变数据包长度模式下，即 PKTCTRL0.LENGTH_CONFIG=1，PKTLEN.PACKET_LENGTH 寄存器值用于设置最大允许的数据包长度。如果接收到的长度字节具有一个比该允许的长度更大的值，则丢弃该数据包，并且重新启动接收模式（与 MCSM1.RXOFF_MODE 设置无关）。

（3）CRC 滤波。

如果 CRC 校验失败，则设置 PKTCTRL1.CRC_AUTOFLUSH=1 来开启数据包滤波，CRC 自动刷新功能将会刷新整个 RX FIFO。自动刷新 RX FIFO 以后，后面的状态则取决于 MCSM1.RXOFF_MODE 的设置。当使用自动刷新功能时，可变数据包长度模式下的最大数据包长度为 63 字节，而固定数据包长度模式下则为 64 字节。请注意，开启 PKTCTRL1.APPEND_STATUS 之后，最大允许的数据包长度减小 2 字节，目的是在 RX FIFO 中为数据包末尾添加的 2 个状态字节留出空间。由于 CRC 校验失败时整个 RX FIFO 被刷新，之前接收到的数据包必须在接收当前数据包以前从 FIFO 读取出来。在 CRC 校验为 OK 以前，MCU 不能读取当前数据包。

4. 发送模式下的数据包处理

必须将即将被发送的有效负载写入 TX FIFO 中。开启可变数据包长度以后，长度字节必须最先被写入。长度字节具有一个与数据包有效负载相当的值（包括可选地址字节）。如果接收机端开启了地址识别，则写入 TX FIFO 的第二个字节必须为地址字节。如果开启了固定数据包长度，则写入 TX FIFO 的第一个字节应为地址字节（假设接收机使用了地址识别）。调制器会首先发送设置的前导字节。如果 TX FIFO 中的数据可用，则调制器会发送 2 字节（可选 4 字节）同步字，之后是 TX FIFO 中的有效负载。如果开启了 CRC，则在所有取自 TX FIFO 的数据上计算校验和，并在有效负载之后以 2 个额外字节发送该结果。如果 TX FIFO 在发送完全部数据包以前变为空，那么该无线电设备将进入 TXFIFO_UNDERFLOW 状态。退出该状态的唯一方法是发出一个 SFTX 选通脉冲。在出现下溢以后对 TX FIFO 进行写操作并不会重启 TX 模式。如果开启了数据白化功能，则同步字之后的所有数据将被白化。这一工作在可选 FEC/交错以前便完成。可将 PKTCTRL0.WHITE_DATA 设置为 1 来开启数据白化功能。如果开启了 FEC/交错，同步字之后的所有数据将被调制成交错的编码和 FEC 加密编码。将 MDMCFG1.FEC_EN 设置为 1 便可开启 FEC。

5. 接收模式下的数据包处理

在接收模式下，解调器和数据包处理器将会搜索一个有效的前导和同步字。如果找到，解调器就获得了位和字节同步机制，并将接收第一个有效负载字节。若 FEC/交错开启，则 FEC 解码器将开始对第一个有效负载字节进行解码。交错器将在任何其他数据处理过程之前对这些位进行解密。如果白化功能开启了，则在这个阶段数据将被去白。当可变数据包长度模式开启时，则第一个字节为长度字节。数据包处理器把这个值作为数据包长度存储，并接收该长度字节显示数目的字节。如果使用了固定数据包长度模式，则数据包处理器将会接收设置数目的字节。接下来，数据包处理器校验地址，并在地址匹配时才继续进行接收。若自动 CRC 校验开启，则数据包处理器会计算 CRC，并将其与附加 CRC 校验和相匹配。在有效负载末端，数据包处理器将写入两个包含 CRC 状态、链路质量指示和 RSSI 值的额外数据包状态字节。

6. 固件中的数据包处理

在固件中执行数据包导向无线协议时，MCU 需要知道一个数据包何时被接收到/发送出去。另外，数据包长度大于 64 字节时，需要在 RX 模式下读取 RX FIFO（每读取一个字节，RX FIFO 地址会自动递增 1，需要在 TX 模式下重填 TX FIFO。这就是说，MCU 需要知道能够写入 RX FIFO 和 TX FIFO 或从 RX FIFO 和 TX FIFO 读取的字节。获得该必要状态信息的解决方案有如下两种：

（1）中断驱动法：设置 IOCFGx.GDOx_CFG=0x06，接收到/发送出一个同步字或接收到/发送出一个完整数据包时，在 RX 和 TX 模式下均可使用 GDO 引脚来实现中断。另外，IOCFGx.GDOx_CFG 寄存器具有两种配置，可用作中断源，从而提供 RX FIFO 和 TX FIFO 中分别有多少个字节的相关信息。IOCFGx.GDOx_CFG=0x00 和 IOCFGx.GDOx_CFG=0x01 两种配置与 RXFIFO 相关，而 IOCFGx.GDOx_CFG=0x02 和 IOCFGx.GDOx_CFG=0x03 则与 TX FIFO 相关。

（2）SPI 轮询：可以某个给定速率对 PKTSTATUS 寄存器轮询，以获取 GDO2 和 GDO0 当前值的相关信息；可以某个给定速率对 RXBYTES 和 TXBYTES 寄存器轮询，以获取 RXFIFO 和 TXFIFO 中所含字节数的相关信息。另外，在 SPI 总线上每发送一个报头字节、数据字节或指令选通脉冲时，可从 MISO 线路上返回的芯片状态字节读取到 RXFIFO 和 TXFIFO 中所含的字节数。推荐使用中断驱动方法，因为高速 SPI 轮询会降低 RX 灵敏度。而且当使用 SPI 轮询时，单字节读取寄存器 PKTSTATUS、RXBYTES 和 TXBYTES 存在一定的失败概率（虽然这种概率较低）。读取芯片状态字节时情况相同。

2.2　项目需求

在一级主控 7 寸屏上点击开灯或关灯，然后通过 433 无线通信把命令传给节点 LED，节点主控解码后让灯亮或灭。

通过一级主控还可以调节亮度。亮度是通过节点主控发出 PWM 来实现的。

2.3　项目设计

2.3.1　硬件设计

（1）电源电路如图 2-5 所示。

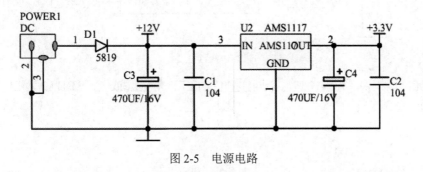

图 2-5　电源电路

（2）节点主控烧录程序接口电路如图 2-6 所示。

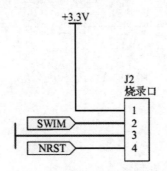

图 2-6　节点主控烧录程序接口电路

（3）主机发开灯或关灯命令，通过 433 模块传给节点主控端，433 模块如图 2-7 所示。

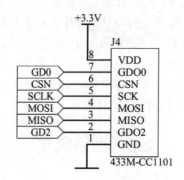

图 2-7   433 模块电路

（4）节点主控：通过 433 模块接收主控端命令，电路图如图 2-8 所示。

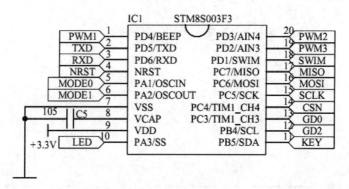

图 2-8   节点主控

（5）LED 灯模块，分别控制三个同样颜色的 LED 灯的亮或灭。PT4115 为 LED 灯驱动芯片。电路图如图 2-9 所示。

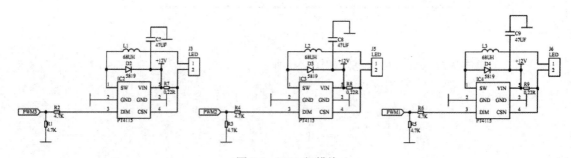

图 2-9   LED 灯模块

2.3.2   软件设计

1.   主控程序

```
init_delay(72);      //延时函数的初始化
init_led();          //主控板 LED 灯的初始化
```

```
init_lcd();          //7 寸屏初始化
init_tp();           //7 寸触摸屏的初始化
init_cc1101();       //无线模块 433 初始化
rf433_rgb_control(255, 255, 33); //RGB 设置，修改 RGB 的大小，可改灯的颜色。如改为(255,0,0)
                                 //灯就显示红色
```

主控程序设计思路如下：

（1）延时函数、LED 灯、7 寸屏及触摸模块、无线模块 433 初始化。

（2）等待从机传来地址。

（3）如果节点没有传地址（即我们没有长按节点黑色按键），那么回到（2），继续等待。

（4）如果节点传来地址，没有人按屏上的 BUTTON，即触摸屏没有返回 1，灯是灭的。

（5）如果节点传来地址，有人按屏上的 BUTTON，即触摸屏返回 1，灯是亮的；如果再按一次屏上的 BUTTON，灯是灭的。

（6）如果改变 rf433_rgb_control(255, 255, 33)函数的参数值，则可改变 RGB 的颜色的组成。

2. 节点程序

```
void main(void)
{
    u16 tcon=0;
    sysinit();              // STM8 时钟，RGB 三基色灯所用到模块的初始化
    while(1)
    {
        Device_Control();       //对主机发来的命令解译
        Send_Adr();             //长按节点黑色按键，节点向主机发送地址
        if(++tcon>300)
        {
            tcon=0;
            LED=!LED;           //灯的亮灭表明该节点正在工作
        }
        delay_ms(1);
    }
}
```

节点程序设计思路如下：

（1）初始化（STM8 时钟、GPIO 口、无线模块初始化、PWM 初始化（PWM 可调灯的亮度））。

（2）此时 Device_Control 不执行。

（3）此时如果有人按黑色按键，就执行 Send_Adr()，发送从机地址。

（4）如果主机发来控制 RGB 灯命令，433M 收到后，RF_Sta.DatFlag==OK 成立。此时 Device_Control 执行，判断是发送给哪个模块的命令。

（5）执行相应操作。

2.4 项目实施

2.4.1 硬件环境部署（主机到节点实际部署）

供电模块：主机与从机共用 12V、2A 电源。

其他模块：主机、433 无线模块、LED 灯节点主控端、LED 灯。

2.4.2 主控端项目文件建立、配置及程序编写

1. 主机照明控制（新建工程参考 1.3.1 节）

在 Keil 软件工程中加入如图 2-10 所示的 .c 文件及其对应的.h 文件。

图 2-10 加入.c 和.h 文件

编译成功，结果如图 2-11 所示。

图 2-11 编译成功

2. 主控端程序设计

（1）main 函数设计。

```c
//main.c
/*智能家居中控端软件
主芯片：STM32F103ZET6
版本：V0.1
*****************************************************/
#include "stm32f10x.h"
#include "led.h"
#include "delay.h"
#include "lcd_1963.h"
#include "touch.h"
#include "cc1101.h"
#include "rf_send.h"


/*****************************************************
 * 功能说明：主函数，程序入口
 * 输入参数：none;
 * 输出参数：none;
 * 返回值：none;
 *****************************************************/
int main()
{
    init_delay(72);
    init_led();
    init_lcd();
    init_tp();
    init_cc1101();

    /* 绘制 LCD 人机交互窗口 */
    lcd_user_interface("zhaomingkongzhi test! -- wulianwangzhinengjiaju");

    while (1)
    {
        /* 触摸屏接口函数，窗口按键按下，返回 1 */
        if ( tp_user_interface() )
        {
            /* 无线 RGB 节点控制 */
            rf433_rgb_control(255, 255, 66);     //R G B
        }
        /* 获取无线节点地址 */
        rf433_slave_addr_get();
    }
}
```

（2）获取无线节点地址程序设计。

```
//rf433_slave_addr_get()
//rf_send.c
/******************************************************
 * 功能说明：获取从机地址
 * 输入参数：none;
 * 输出参数：none;
 * 返回值：none;
 ******************************************************/
void rf433_slave_addr_get()
{
    TYPE_RF_PRO *p;
    char str[]="        ";
    if (rf_status.dat_flag == OK)
    {
        rf_status.dat_flag = ERR;
        p = (TYPE_RF_PRO *)&rf_read_buff[0];
        if (p->event == 0xad)      //从机上传地址的事件
        {
            device_addr = p->value;        //保存设备地址
            sprintf(str,"%#x",p->value);
            lcd_show_string(WINDOW_X+98, WINDOW_Y+45, (u8*)str, BLUE, RGB(180, 180, 180));
        }
        else if (p->event)
        {
        }
    }
}
```

（3）接触屏用户接口函数设计。

```
//touch.c
// tp_user_interface()函数
/******************************************************
 * 功能说明：触摸屏用户接口函数
 * 输入参数：none;
 * 输出参数：none;
 * 返回值：  1：有按下按钮位置；   0：无触屏按下
 ******************************************************/
u8 tp_user_interface()
{
    static u8 flag = 1;
    tp_scan(0);

    if (tp_dev.sta & 0x80)
    {
```

```
                if (tp_dev.x > WINDOW_X + 150    &&    tp_dev.x < WINDOW_X + 250
                    && tp_dev.y > WINDOW_Y + 100    &&    tp_dev.y < WINDOW_Y + 140 && flag)
                {
                    flag = 0;
                    lcd_set_button_sta(1);        //按钮按下
                }
            }
            else if ((tp_dev.sta & 0xc0) == 0x40)
            {
                delay_ms(110);
                lcd_set_button_sta(0);

                if (tp_dev.x > WINDOW_X + 150    &&    tp_dev.x < WINDOW_X + 250
                    && tp_dev.y > WINDOW_Y + 100    &&    tp_dev.y < WINDOW_Y + 140)
                {
                    return 1;
                }
            }
            else
            {
                flag = 1;
            }
            return 0;
        }
```

（4）无线 RGB 节点控制程序设计。

```
//rf433_rgb_control(255, 255, 33)
/*****************************************************
 * 功能说明：RGB 节点无线控制
 * 输入参数：red、green、blue，红绿蓝颜色占空比;
 * 取值范围：0～255
 * 输出参数：none;
 * 返回值：none;
 *****************************************************/
void rf433_rgb_control(u8 red, u8 green, u8 blue)
{
    static u8 flg = 0;
    flg = !flg;

    if (device_addr == 0)
    {
        return;
    }

    rf_send.len = RF_CNT;
```

```
        rf_send.event = 0x02;    //RGB 灯
        rf_send.adr = device_addr;
        rf_send.status = flg ? 0x01 : 0x02;   //开、关
        rf_send.value = (red << 24) | (green << 16) | (blue << 8);     //R G B
        rf_send.crc = rf_send.len + rf_send.adr + rf_send.event + rf_send.status + rf_send.value;   //校验和
        halTYPE_RF_PRO_packet((u8*)&rf_send, RF_CNT);
        delay_ms(10);
        halTYPE_RF_PRO_packet((u8*)&rf_send, RF_CNT);
    }
```

接好电源及下载器 ST-Link 后，点 LOAD 下载到主机中。

2.4.3　节点端项目文件建立、配置及程序编写

1. 照明节点工程（新建工程请参考 1.3.2 节）

在软件 IAR 左边的工程中加入.c 及对应的.h 文件，如图 2-12 所示。

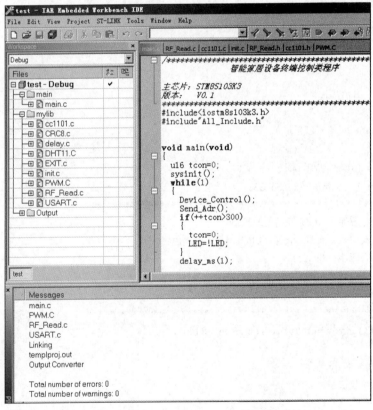

图 2-12　加入.c 和.h 文件

编译成功，下载到 LED 节点中。

2. 节点程序设计（版本号 LEDV1.4）

（1）主函数设计。

```
//main.c
/************************************************************
```

智能家居设备终端控制类程序

主芯片：STM8S103K3

日期：2016.04.01

版本：V0.3

***/

```c
#include<iostm8s103k3.h>
#include"All_Include.h"
void main(void)
{
    u16 tcon=0;
    sysinit();
    while(1)
    {
        Device_Control();
        Send_Adr();
        if(++tcon>300)
        {
            tcon=0;
            LED=!LED;
        }
        delay_ms(1);
    }
}
```

（2）初始化函数设计。

```c
// sysinit()
void sysinit()
{
    CLOCK_Config(SYS_CLOCK);        //系统时钟初始化
    GPIO_INIT();
    DataInit();
    if(CC1101_Init())LED=0;
    Pwm_Init();
    RLED_ZKB(0);
    GLED_ZKB(0);
    BLED_ZKB(0);
    TIM4_Init();
    UART_Init(SYS_CLOCK, 9600);     //串口初始化
    asm("rim");                     //开总中断
    delay_ms(100);
}
```

（3）发送从机地址函数设计。

```c
void Send_Adr(void)
{
```

```
            static u8 kcon=0;
            _RF_Read Send_Buf;
            if(!key)
            {
              delay_ms(20);
              if(!key && ++kcon>80)
              {
                 kcon=0;
                 Send_Buf.adr=0xff;        //主机地址
                 Send_Buf.event=0xad;
                 Send_Buf.value=PUID_DAT;
                 Send_Buf.value<<=24;
                 halRfSendPacket((u8 *)&Send_Buf,RF_CNT);
                 while(!key)
                 {
                   LED=!LED;
                   delay_ms(50);
                 }
              }
            }
            else kcon=0;
          }
```

（4）设备输出控制函数设计。

```
      //主机发过来的 rf_send.event = 0x02 被从机接收后，在此解释
      void Device_Control(void)   //设备输出控制
      {
      //    u16 adr_buf;
          u8 st_buf;
          //adr_buf=PUID_DAT;
      //    adr_buf=PUID[1];
      //    adr_buf=(adr_buf<<8)+PUID[0];                //本机地址
          if(RF_Sta.DatFlag==OK)
          {
              RF_Sta.DatFlag=ERR;
      //      UART_SendChar(adr_buf>>8);
      //        UART_SendChar(RF_Read.adr>>8);

      //        if(RF_Read.ID==0x4a4a4e5a && RF_Read.adr==adr_buf || RF_Read.event==0xfe)//ZNJJ
      //        {
                  st_buf=RF_Read.status;
                  RF_Read.status&=0x7f;
                switch(RF_Read.event)                //设备选择
                {
                    case 0x01:Set_Wled(&RF_Read);     //设备状态
```

```
                        break;
    case 0x02:Set_RGBled(&RF_Read);
                        break;
    case 0x03:
                        break;
    case 0x04:
                        break;
    case 0x05:Set_Ice_Box(&RF_Read);
                        break;
    case 0x06:Set_Fan(&RF_Read);
                        break;
    case 0x07:
                        break;
    case 0x08:Curtain_Control(&RF_Read);     //窗帘控制
                        break;
    case 0x09:
                        break;
    case 0x10:if(read_TRH(&DHT11))          //读取温度
                        {
                            RF_Read.value=((((unsigned long)DHT11.RH_data)<<24)|(((unsigned
                                long)DHT11.RL_data)<<16)|\
                            (((unsigned int)DHT11.TH_data)<<8)|DHT11.TL_data);

                        }
                        else RF_Read.value=0;
                        break;
    case 0x11:
                        break;
    case 0x12:
                        break;

    case 0xaa:Set_RGBled(&RF_Read);
                        break;
    case 0xfe: if(RF_Read.status==0x01)
                        {
                            Open_RgbLed();
                        }
                        else if(RF_Read.status==0x02)
                        {
                            Close_RgbLed();

                        }
                        break;
default:
                        break;
```

```
                    }

            if(!(st_buf & 0x80) &&   RF_Read.adr)   //RF_Read.status 最高位必须为 0 才回复主机
            {
              RF_Read.adr=0xff;          //主机地址
              RF_Read.status |= 0x80;    //成功执行标志
              halRfSendPacket((u8 *)&RF_Read,RF_CNT);
            }
//          UART_SendChar(RF_Read.value>>24);
//          UART_SendChar(RF_Read.value>>16);
//          UART_SendChar(RF_Read.value>>8);
//          UART_SendChar(RF_Read.value);
//          UART_SendChar(RF_Read.status);
        // }
        }

        }
```

2.5 项目运行调试

安装好 ST-Link 驱动，参考第 1 章新建工程。

注意：主机或节点有错误，先解决第一个错误，因为后面的错误很有可能是由第一个错误引起的。初学者出现最多的错误是初始化配置错误，务必仔细检查，分模块进行排查。

通过 ST-Link 对主控板及节点分别下载程序，请参考第 1 章。

主机界面如图 2-13 所示。

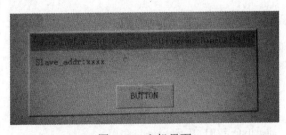

图 2-13   主机界面

长按节点黑色按键，节点 433 模块发送该节点地址。主机收到从机地址后，界面显示如图 2-14 所示。

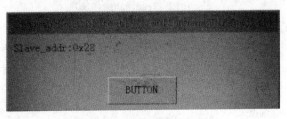

图 2-14   主机收到从机地址

按主机屏上的 BUTTON，此时节点 RGB 灯如图 2-15 所示。

图 2-15 节点 RGB 灯

本章小结

本章主要讲述智能家居——照明控制应用方面的内容，分别从知识背景、项目需求、项目设计、项目实施、项目运行调试等角度展开阐述，注重培养结合相应硬件进行上机建立智能家居——照明控制应用程序并调试的能力，以任务方式引出相关知识点，便于快速掌握相关知识。

第3章 智能家居——家电控制应用

3.1 知识背景

    智能家电控制应用是指通过控制系统和家庭智能电器之间的通信来实现对智能电器相应的监测或控制。本章采用蓝灯开关模拟家电开关,使用寄存器写入程序。需要用到的硬件有:7寸屏、触摸屏、433模块、24C0XX,涉及的协议有IIC协议和SPI协议。

    用蓝灯开关模拟家用电器开关需要用到的硬件模块有:主机CPU(STM32F103ZET6)、节点CPU(STM8S103K3)、照明灯(RGB,通过PWM调节灯的亮度)。

3.2 项目需求

    在一级主控7寸屏上,点击开或关按键。通过433无线通信模块,把命令发送给通用节点,节点主控解码后,让蓝灯开或关。

3.3 项目设计

3.3.1 硬件设计

电源电路用于对用电设备进行电力供应,如图3-1所示。

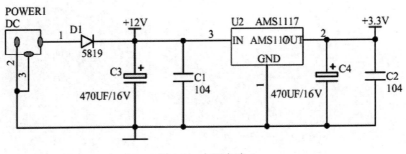

图3-1 电源电路

节点主控烧录程序接口电路图如图3-2所示。

主机发送开灯或关灯命令,通过433模块传递给节点主控端。433模块电路图如图3-3所示。

节点主控:通过433模块接收主控端命令。相关电路图如图3-4所示。

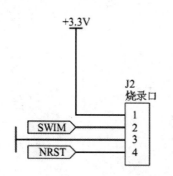

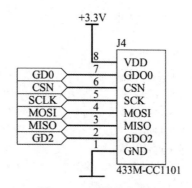

图 3-2 节点主控烧录程序接口电路图　　　　　图 3-3　433 模块电路图

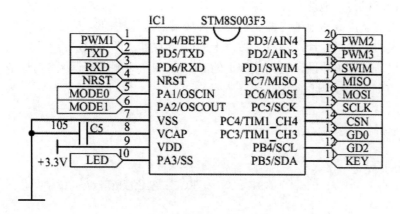

图 3-4 节点主控电路图

LED 灯模块电路图如图 3-5 所示，用于控制蓝灯的亮或灭。其中 PT4115 为 LED 灯驱动芯片。

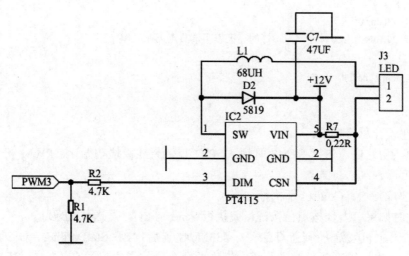

图 3-5 LED 灯模块电路图

3.3.2　软件设计

1. 主控程序

```
init_delay(72);              //延时函数的初始化
init_led();                  //主控板 LED 灯的初始化
init_lcd();                  //7 寸屏初始化
init_tp();                   //7 寸屏触摸屏的初始化
init_cc1101();               //无线模块 433 初始化
rf433_jiadian_control();     //蓝灯开关控制
```

主控程序设计思路如下：

（1）延时函数、LED 灯 7 寸屏及触摸模块、无线模块 433 初始化。

（2）等待从机传来地址。

（3）如果节点没有传地址（即我们没有长按节点黑色按键），那么回到（2），继续等待。

（4）如果节点传来地址，没有人按屏上的 BUTTON，即触模屏没有返回 1，灯是灭的。

（5）如果节点传来地址，有人按屏上的 BUTTON，即触模屏返回 1，灯是亮的。如果再按一次屏上的 BUTTON，灯是灭的。

2. 节点程序

```
void main(void)
{
    u16 tcon=0;
    sysinit();               // STM8 时钟，RGB 三基色灯所用到模块的初始化
    while(1)
    {
        Device_Control();    //对主机发来的命令解译
        Send_Adr();          //长按节点黑色按键，节点向主机发送地址
        if(++tcon>300)
        {
            tcon=0;
            LED=!LED;         //灯的亮灭表明该节点正在工作
        }
        delay_ms(1);
    }
}
```

节点程序设计思路如下：

（1）模块初始化，包括 STM8 时钟、GPIO 口、无线模块初始化、PWM 初始化（PWM 可调灯的亮度）。

（2）此时 Device_Control 不执行。

（3）此时如果有人长按黑色按键，就执行 Send_Adr()，发送从机地址。

（4）如果主机发送控制蓝灯命令，433M 收到后，RF_Sta.DatFlag==OK 成立。此时 Device_Control 执行，判断是发送给哪个模块的命令。如果主机发来的值为 RF_Read.event= 0x06，从机接收后执行 case 0x06:Set_Fan(&RF_Read)。

（5）执行相应灯亮或灭操作。

3.4　项目实施

3.4.1　硬件环境部署

供电模块：主机与从机共用 12V、2A 电源。

其他模块：主机、主机 433 模块、从机 433 模块、蓝灯通用节点主控端（即控制蓝灯的开与关）。

3.4.2　主控端项目文件建立、配置及程序编写

1.　主控端用于对蓝灯节点的控制（新建工程步骤参考 1.3.1 节）

在 keil 软件工程中加入如图 3-6 所示的 .c 文件及其对应的.h 文件。

图 3-6　加入.c 和.h 文件

编译成功，如图 3-7 所示。

图 3-7　编译成功

2. 主控端程序设计

（1）主函数程序设计。

```c
//main.c
/*******************************************************
 * 功能说明：主函数，程序入口
 * 输入参数：none;
 * 输出参数：none;
 * 返回值：none;
 *******************************************************/
int main()
{
    init_delay(72);
    init_led();
    init_lcd();
    init_tp();
    init_cc1101();

    /* 绘制 LCD 人机交互窗口 */
    lcd_user_interface("JiaDian node test!--wulianwangzhinengjiaju");

    while (1)
    {
        /* 触摸屏接口函数，窗口按键按下，返回 1 */
        if ( tp_user_interface() )
        {
            /* 家电节点控制 */
            rf433_jiadian_control();
        }
        /* 获取无线节点地址 */
        rf433_slave_addr_get();
    }
}
```

（2）获取无线节点地址程序设计。

```c
//rf433_slave_addr_get()
//rf_send.c
/*******************************************************
 * 功能说明：获取从机地址
 * 输入参数：none;
 * 输出参数：none;
 * 返回值：none;
 *******************************************************/
void rf433_slave_addr_get()
{
```

```
            TYPE_RF_PRO *p;
            char str[]="          ";
            if (rf_status.dat_flag == OK)
            {
                rf_status.dat_flag = ERR;
                p = (TYPE_RF_PRO *)&rf_read_buff[0];
                if (p->event == 0xad)              //从机上传地址的事件
                {
                    device_addr = p->value;        //保存设备地址
                    sprintf(str,"%#x",p->value);
                    lcd_show_string(WINDOW_X+98, WINDOW_Y+45, (u8*)str, BLUE, RGB(180, 180, 180));
                }
                else if (p->event)
                {
                }
            }
        }
```

（3）触摸屏用户接口函数设计。

```
//touch.c
// tp_user_interface()函数
/*******************************************************
    * 功能说明：触摸屏用户接口函数
    * 输入参数：none;
    * 输出参数：none;
    * 返回值：  1：有按下按钮位置；    0：无触屏按下
    *******************************************************/
u8 tp_user_interface()
{
    static u8 flag = 1;
    tp_scan(0);

    if (tp_dev.sta & 0x80)
    {
        if (tp_dev.x > WINDOW_X + 150   &&   tp_dev.x < WINDOW_X + 250
            && tp_dev.y > WINDOW_Y + 100   &&   tp_dev.y < WINDOW_Y + 140 && flag)
        {
            flag = 0;
            lcd_set_button_sta(1);   //按钮按下
        }
    }
    else if ((tp_dev.sta & 0xc0) == 0x40)
    {
        delay_ms(110);
```

```
                lcd_set_button_sta(0);

                if (tp_dev.x > WINDOW_X + 150    &&    tp_dev.x < WINDOW_X + 250
                    && tp_dev.y > WINDOW_Y + 100    &&    tp_dev.y < WINDOW_Y + 140)
                {
                    return 1;
                }
            }
            else
            {
                flag = 1;
            }
            return 0;
        }
```

（4）家电控制程序设计。

```
//rf433_jiadian_control()
/*****************************************************
    * 功能说明：RGB 节点无线控制
    * 输入参数：red、green、blue，红绿蓝颜色占空比
    * 取值范围：0～255
    * 输出参数：none;
    * 返回值：none;
    *****************************************************/
void rf433_jiadian_control()
{
    static u8 flg = 0;
    flg = !flg;

    if (device_addr == 0)
    {
        return;
    }

    rf_send.len = RF_CNT;
    rf_send.event = 0x06;    //家电
    rf_send.adr = device_addr;
    rf_send.status = flg ? 0x01 : 0x02;    //开、关
    rf_send.value = 0xff;    //改变此值可改变节点 PWM 占空比，即可改变蓝灯的亮度
    rf_send.crc = rf_send.len + rf_send.adr + rf_send.event + rf_send.status + rf_send.value;    //校验和
    halTYPE_RF_PRO_packet((u8*)&rf_send, RF_CNT);
    delay_ms(10);
    halTYPE_RF_PRO_packet((u8*)&rf_send, RF_CNT);
}
```

接好电源及下载器 ST-Link 后，点 LOAD 下载到主机中。

3.4.3　节点端项目文件建立、配置及程序编写

1. 蓝灯节点工程建立（新建工程步骤请参考 1.3.2 节）

在软件 IAR 左边工程中加入.c 及对应的.h 文件，如图 3-8 所示。

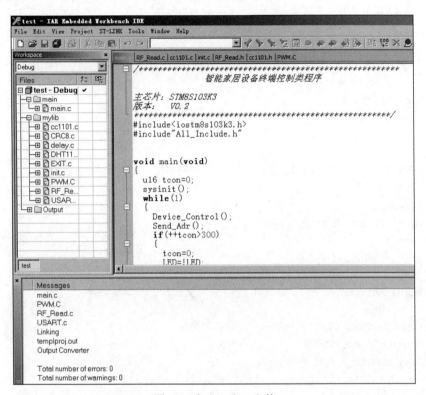

图 3-8　加入.c 和.h 文件

编译成功后，下载程序到 LED 节点中。

2. 节点程序设计

（1）节点端主程序。

```
//main.c
/*******************************************************
              智能家居设备终端控制类程序
主芯片：STM8S103K3
版本：V0.2
*******************************************************/
#include<iostm8s103k3.h>
#include"All_Include.h"
void main(void)
{
    u16 tcon=0;
    sysinit();
    while(1)
```

```
    {
      Device_Control();
      Send_Adr();
      if(++tcon>300)
      {
        tcon=0;
        LED=!LED;
      }
      delay_ms(1);
    }
  }
```

（2）初始化程序。

```
// sysinit()
void sysinit()
{
  CLOCK_Config(SYS_CLOCK);        //系统时钟初始化
  GPIO_INIT();
  DataInit();
  if(CC1101_Init())LED=0;
  Pwm_Init();
  RLED_ZKB(0);
  GLED_ZKB(0);
  BLED_ZKB(0);
  TIM4_Init();
  UART_Init(SYS_CLOCK, 9600);     //串口初始化
  asm("rim");    //开总中断
  delay_ms(100);
}
```

（3）发送从机地址程序。

```
//发送从机地址 Send_Adr()
void Send_Adr(void)
{
  static u8 kcon=0;
  _RF_Read Send_Buf;
  if(!key)
  {
    delay_ms(20);
    if(!key && ++kcon>80)
    {
      kcon=0;
      Send_Buf.adr=0xff;        //主机地址
      Send_Buf.event=0xad;
      Send_Buf.value=PUID_DAT;
      Send_Buf.value<<=24;
      halRfSendPacket((u8 *)&Send_Buf,RF_CNT);
      while(!key)
```

```
            {
                LED=!LED;
                delay_ms(50);
            }
        }
    }
    else kcon=0;
}
```

（4）设备输出控制程序。

```
//设备输出控制 Device_Control();
    /*主机发过来的 rf_send.event = 0x06;     //空调
                    rf_send.status = flg ? 0x01 : 0x02;     //开、关
从机接收后，在此解释*/
    void Device_Control(void)    //设备输出控制
    {
//      u16 adr_buf;
        u8 st_buf;
        //adr_buf=PUID_DAT;
//      adr_buf=PUID[1];
//      adr_buf=(adr_buf<<8)+PUID[0];     //本机地址
        if(RF_Sta.DatFlag==OK)
        {
            RF_Sta.DatFlag=ERR;
//          UART_SendChar(adr_buf>>8);
//              UART_SendChar(RF_Read.adr>>8);

//              if(RF_Read.ID==0x4a4a4e5a && RF_Read.adr==adr_buf || RF_Read.event==0xfe)//ZNJJ
//              {
                st_buf=RF_Read.status;
                RF_Read.status&=0x7f;
                switch(RF_Read.event)    //设备选择
                {
                    case 0x01:Set_Wled(&RF_Read);//设备状态
                        break;
                    case 0x02:Set_RGBled(&RF_Read);
                        break;
                    case 0x03:
                        break;
                    case 0x04:
                        break;
                    case 0x05:Set_Ice_Box(&RF_Read);
                        break;
                    case 0x06:Set_Fan(&RF_Read);                //家电执行此函数
                        break;
                    case 0x07:
                        break;
```

```
            case 0x08:Curtain_Control(&RF_Read);        //窗帘控制
                break;
            case 0x09:
                break;
            case 0x10:if(read_TRH(&DHT11))        //读取温度
                {
                    RF_Read.value=((((unsigned long)DHT11.RH_data)<<24)|
                        (((unsigned long)DHT11.RL_data)<<16)|
                        (((unsigned int)DHT11.TH_data)<<8)|DHT11.TL_data);

                }
                else RF_Read.value=0;
                break;
            case 0x11:
                break;
            case 0x12:
                break;

            case 0xaa:Set_RGBled(&RF_Read);
                break;
            case 0xfe: if(RF_Read.status==0x01)
                {
                    Open_RgbLed();
                }
                else if(RF_Read.status==0x02)
                {
                    Close_RgbLed();
                }
                break;
        default:
                break;
        }

        if(!(st_buf & 0x80) &&    RF_Read.adr)   //RF_Read.status 最高位必须为 0 才回复主机
        {
          RF_Read.adr=0xff;              //主机地址
          RF_Read.status |= 0x80;        //成功执行标志
          halRfSendPacket((u8 *)&RF_Read,RF_CNT);
        }
//          UART_SendChar(RF_Read.value>>24);
//          UART_SendChar(RF_Read.value>>16);
//          UART_SendChar(RF_Read.value>>8);
//          UART_SendChar(RF_Read.value);
//          UART_SendChar(RF_Read.status);
//  }
        }

    }
```

3.5 项目运行调试

ST-Link 安装好驱动，参考第 2 章新建工程。

通过 ST-Link 对主控板及节点分别下载程序，请参考第 2 章。

主机界面图如图 3-9 所示。

图 3-9 主机界面

长按节点黑色按键，节点 433 模块发送该节点地址。主机收到从机地址后，界面显示如图 3-10 所示。

图 3-10 主机收到从机地址

按主机屏上的 BUTTON，此时节点蓝灯如图 3-11 所示。

图 3-11 节点蓝灯图

本章小结

　　本章主要讲述智能家居——家电控制应用方面的内容，分别从知识背景、项目需求、项目设计、项目实施、项目运行调试等角度展开阐述，注重培养结合相应硬件进行上机建立智能家居——家电控制应用程序并调试的能力，以任务方式引出相关知识点，便于快速掌握相关知识。

第4章 智能家居——环境控制应用

4.1 知识背景

环境控制是指通过控制系统对外界环境进行监测。本章采用温湿度传感器和烟雾传感器对外界环境进行监测。需要用到的硬件有7寸屏、触摸屏、433模块、24C0XX，涉及的协议有IIC协议和SPI协议。

实现智能家居环境控制应用要用到的硬件模块有主机CPU（STM32F103ZET6）、节点CPU（STM8S103K3）、温湿度模块（DHT11）、烟雾传感器模块（MQ-2）。

4.1.1 温湿度模块

温湿度模块（型号为DHT11）如图4-1所示，该模块成本低、长期稳定、能进行相对湿度和温度测量、响应超快、抗干扰能力强、信号传输距离超长、输出数字信号、校准精确。可以应用于暖通空调、除湿器、测试及检测设备、汽车、自动控制设备、数据记录器、气象站设备、湿度调节器、医疗设备等其他相关温湿度检测控制设备。

图4-1 温湿度模块

温湿度模块典型的应用电路如图4-2所示，引脚说明如表4-1所示。DHT11和MCU连接时建议连接线长度短于20米时用5kΩ上拉电阻，大于20米时根据实际情况使用合适的上拉电阻。

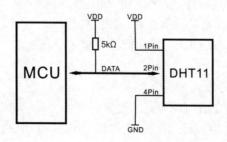

图4-2 DHT11典型应用电路

表 4-1　温湿度模块引脚说明

引脚	说明
VDD	供电 3.5～5.5V DC
DATA	串行数据，单总线
GND	接地，电源负极
NC	空脚

温湿度模块参数如表 4-2 所示。

表 4-2　温湿度模块参数说明

功能	参数	参数值
相对湿度	分辨率	0.1%RH，16bit
	重复性	±1%RH
	精度	25℃，±2%RH；-40℃～80℃，±5%RH
	互换性	可完全互换
	响应时间	1/e(63%)25℃，6s；1m/s 空气，6s
	迟滞	<±0.3%RH
	长期稳定性	<±0.5%RH/yr
温度	分辨率	0.1%RH，16bit
	重复性	±0.2℃
	精度	25℃，±0.2℃；-40℃～80℃，±1℃
	响应时间	1/e(63%)　10s
电气特性	供电	DC 3.5～5.5V
	供电电流	测量 0.3mA　待机　60μA
	采样周期	每次大于 2s

4.1.2　串行通信（单线双向）

1. 单总线说明

DHT11 器件采用简化的单总线通信。单总线即只有一根数据线，系统中的数据交换、控制信号传输均由单总线完成。设备（主机或从机）通过一个开路漏极或三态端口连至该数据线，以允许设备在不发送数据时能够释放总线，而让其他设备使用总线；单总线通常要求外接一个约 5.1kΩ 的上拉电阻，这样，当总线闲置时，其状态为高电平。由于它们是主从结构，只有主机呼叫从机时，从机才能应答，因此主机访问器件都必须严格遵循单总线序列，如果出现序列混乱，器件将不响应主机。

2. 单总线传送数据位定义

DATA 用于微处理器与 DHT11 之间的通信和同步，采用单总线数据格式，一次传送 40 位数据，高位先出。数据格式为：8bit 湿度整数数据+8bit 湿度小数数据+8bit 温度整数数据+8bit 温度小数数据+8bit 校验位。

3. 校验位数据定义

"8bit 湿度整数数据+8bit 湿度小数数据+8bit 温度整数数据+ 8bit 温度小数数据"所得结果的末 8 位=8bit 校验位。

示例 1，如表 4-3 所示。

表 4-3　示例 1

接收到的 40 位数据	0011 0101	0000 0000	0001 1000	0000 0000	0100 1101
数据分析	湿度高 8 位	湿度低 8 位	温度高 8 位	温度低 8 位	校验位

计算：

0011 0101+0000 0000+0001 1000+0000 0000= 0100 1101

计算结果的末 8 位等于校验位，说明接收数据正确，则：

湿度：0011 0101=35H=53%RH

温度：0001 1000=18H=24℃

示例 2，如表 4-4 所示。

表 4-4　示例 2

接收到的 40 位数据	0011 0101	0000 0000	0001 1000	0000 0000	0100 1001
数据分析	湿度高 8 位	湿度低 8 位	温度高 8 位	温度低 8 位	校验位

计算：

0011 0101+0000 0000+0001 1000+0000 0000= 0100 1101

01001101 不等于 0100 1001，则本次接收的数据不正确，放弃，重新接收数据。

4. 数据时序图

用户 MCU 发送一次开始信号后，DHT11 从低功耗模式转换到高速模式，等到主机的开始信号结束后，DHT11 发送响应信号，送出 40bit 的数据，并触发一次信号采集，用户可选择读取部分数据。从模式下，DHT11 如果没有接收到主机发送开始信号，则不会主动进行温湿度采集。采集数据后转换到低速模式。通信过程如图 4-3 所示。

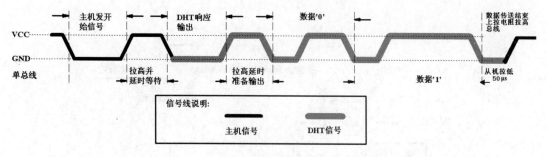

图 4-3　通信过程 1

总线空闲状态为高电平，主机把总线拉低等待 DHT11 响应，拉低时间必须大于 18ms，保证 DHT11 能检测到起始信号。DHT11 接收到主机的开始信号后，等到主机的开始信号结束，然后发送 80μs 低电平响应信号。主机发送开始信号结束后，延时等待 20～40μs，读取 DHT11

的响应信号，主机发送开始信号后，可以切换到输入模式，或者输出高电平，总线由上拉电阻拉高。通信过程如图 4-4 所示。

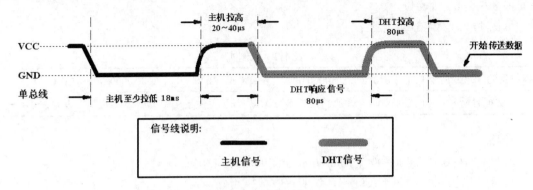

图 4-4　通信过程 2

如果读取响应信号为低电平，说明 DHT11 发送了响应信号，DHT11 发送响应信号后，再把总线拉高 80μs，准备发送数据，每一位数据都以 50μs 低电平时隙开始，高电平的长短决定了数据位是 0 还是 1。格式如图 4-5 和图 4-6 所示。如果读取响应信号为高电平，则 DHT11 没有响应，请检查线路是否连接正常。当最后 1 位数据传送完毕后，DHT11 拉低总线 50μs，随后总线由上拉电阻拉高进入空闲状态。

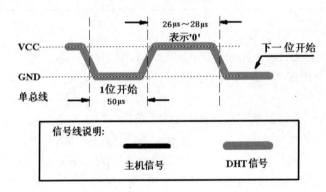

图 4-5　数字 0 信号表示方法

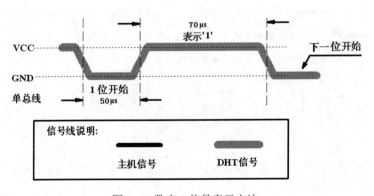

图 4-6　数字 1 信号表示方法

4.1.3　烟雾传感器模块

烟雾传感器通过监测烟雾的浓度来实现火灾防范，实物如图 4-7 所示。它适用于家庭或工厂的气体泄漏监测装置，能检测的气体有液化气、丁烷、丙烷、甲烷、酒精、氢气、烟雾等。其特点如下：

（1）具有信号输出指示。

（2）双路信号输出（模拟量输出及 TTL 电平输出）。

（3）TTL 输出有效信号为低电平（当输出低电平时信号灯亮，可直接接单片机）。

图 4-7　烟雾传感器

（4）模拟量输出 0～5V 电压，浓度越高电压越高。

（5）对液化气、天然气、城市煤气有较好的灵敏度。

（6）具有较长的使用寿命和可靠的稳定性。

（7）具有快速的响应恢复特性。

该项目的烟雾传感器参数如下：

（1）尺寸：32mm×22mm×27mm（长×宽×高）。

（2）主要芯片：LM393、ZYMQ-2 气体传感器。

（3）工作电压：直流 5V。

4.2　项目需求

本项目从一级主控端发指令，读出节点的温湿度及烟雾浓度值，节点接收指令后采集相关数据传给一级主控，并在屏上显示出来。

4.3　项目设计

4.3.1　硬件设计

通用节点电源电路图如图 4-8 所示。

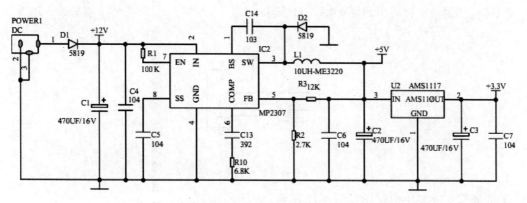

图 4-8　通用节点电源

通用节点主控电路图如图 4-9 所示。

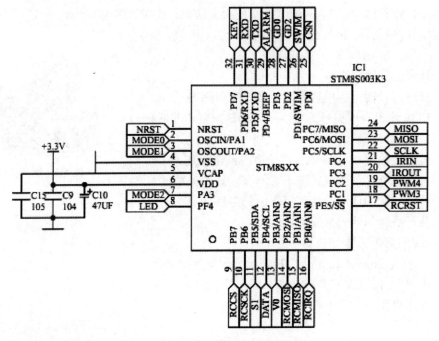

图 4-9　通用节点主控

温湿度模块电路图如图 4-10 所示。

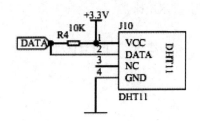

图 4-10　温湿度模块

烟雾传感器模块接口电路图如图 4-11 所示。

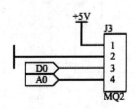

图 4-11　烟雾传感器模块接口电路

无线通信 433 模块电路图如图 4-12 所示。

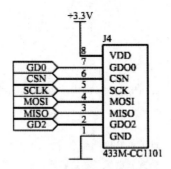

图 4-12　无线通信 433 模块电路

节点程序下载接口电路图如图 4-13 所示。

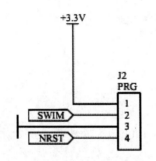

图 4-13　节点程序下载接口电路

4.3.2　软件设计

1. 主控程序

init_delay(72);	//延时函数的初始化
init_led();	//主控板 LED 灯的初始化
init_lcd();	//7 寸屏初始化
init_tp();	//7 寸屏触摸屏的初始化
init_cc1101();	//无线模块 433 初始化
rf433_huanjing_control();	//发指令读取温湿度及烟雾值
rf_send.event = 0x10;	//该指令命令节点读取温湿度及烟雾值

主控程序设计思路如下：

（1）延时函数、LED 灯、7 寸屏及触摸模块、无线模块 433 初始化。

（2）等待从机传来地址。

（3）如果节点没有传地址（即我们没有长按节点黑色按键），那么回到（2），继续等待。

（4）如果节点传来地址，没有人按屏上 BUTTON，即触模屏没有返回 1，主机就不会发出读取温湿度及烟雾值命令。

（5）如果节点传来地址，有人按屏上 BUTTON，即触模屏返回 1，主机就会发出读取温湿度及烟雾值的命令。

（6）通用节点收到命令后对其解释，然后读取温湿度及烟雾值，通过无线模块 433 传给主机，并在屏上显示出来。

2. 节点程序

```
void main(void)
{
  u16 tcon=0;
  sysinit();                    // STM8 时钟，环境数据采集所用到模块的初始化
  while(1)
  {
    Device_Control();           //对主机发来的命令解译
    Send_Adr();                 //长按节点黑色按键，节点向主机发送地址
    if(++tcon>3000)
    {
      tcon=0;
      LED=!LED;                 //灯的亮灭表明该节点正在工作
    }
    delay_ms(2);
  }
}
```

节点程序设计思路如下：

（1）初始化（STM8 时钟、GPIO 口、无线模块初始化，PWM 初始化（PWM 可调灯的亮度））。

（2）此时 Device_Control 不执行。

（3）此时如果有人长按黑色按键，就执行 Send_Adr()，发送从机地址。

（4）如果主机发来读取温湿度及烟雾值命令，433M 收到后，RF_Sta.DatFlag==OK 成立。此时 Device_Control 执行，判断是发送给哪个模块的命令。本次为读取温湿度及烟雾值。

主机：rf_send.event = 0x10;

节点：case 0x10: 读取温湿度及烟雾值。

（5）节点将温湿度及烟雾值通过无线模块 433 传给主机。

4.4　项目实施

4.4.1　硬件环境部署

项目需要的硬件如下：

（1）主机与从机共用 12V、2A 电源。

（2）主机、主机 433 模块、从机 433 模块、温湿度及烟雾传感器模块通用节点。

（3）液晶屏（用于显示结果）。

4.4.2　主控端项目文件建立、配置及程序编写

1. 主机照明控制

新建工程参考 1.3.1 节。

在 keil 软件工程中加入如图 4-14 所示的.c 文件及其对应的.h 文件。

图 4-14　加入.c 和.h 文件

2. 主控端软件设计

（1）main 函数设计。

```
//main.c
智能家居中控端软件
主芯片：STM32F103ZET6
版本：V0.2
*****************************************************/
#include "stm32f10x.h"
#include "led.h"
#include "delay.h"
#include "lcd_1963.h"
#include "touch.h"
#include "cc1101.h"
#include "rf_send.h"


/****************************************************
 * 功能说明：主函数，程序入口
 * 输入参数：none;
 * 输出参数：none;
 * 返回值：none;
 *****************************************************/
```

```
int main()
{
    init_delay(72);
    init_led();
    init_lcd();
    init_tp();
    init_cc1101();
    /* 绘制 LCD 人机交互窗口 */
    lcd_user_interface("HuanJing node test! -----wulianwangzhinengjiaju");

    while (1)
    {
        /* 触摸屏接口函数，窗口按键按下，返回 1 */
        if ( tp_user_interface() )
        {
            /* 无线温湿度及烟雾节点控制 */
            rf433_huanjing_control();    //读取温湿度及烟雾值
        }

        /* 获取无线节点地址 */
        rf433_slave_addr_get();
    }
}
```

（2）获取无线节点地址程序设计。

```
//rf433_slave_addr_get();
//rf_send.c
/***************************************************
 * 功能说明：获取从机地址
 * 输入参数：none;
 * 输出参数：none;
 * 返回值：none;
 ***************************************************/
void rf433_slave_addr_get()
{
    TYPE_RF_PRO *p;
    char str[]="              ";
    if (rf_status.dat_flag == OK)
    {
        rf_status.dat_flag = ERR;
        p = (TYPE_RF_PRO *)&rf_read_buff[0];
        if (p->event == 0xad)    //从机上传地址的事件
        {
            device_addr = p->value;    //保存设备地址
```

```
                sprintf(str,"%#x",p->value);
                lcd_show_string(WINDOW_X+98, WINDOW_Y+45, (u8*)str, BLUE, RGB(180, 180, 180));
            }
            else if (p->event)
            {
            }
        }
    }
```

（3）触摸屏用户接口函数设计。

```
//touch.c
// tp_user_interface()函数
/*****************************************************
 * 功能说明：触摸屏用户接口函数
 * 输入参数：none;
 * 输出参数：none;
 * 返回值：1：有按下按钮位置；　　0：无触屏按下
 *****************************************************/
u8 tp_user_interface()
{
    static u8 flag = 1;
    tp_scan(0);
    if (tp_dev.sta & 0x80)
    {
        if (tp_dev.x > WINDOW_X + 150    &&    tp_dev.x < WINDOW_X + 250
            && tp_dev.y > WINDOW_Y + 100    &&    tp_dev.y < WINDOW_Y + 140 && flag)
        {
            flag = 0;
            lcd_set_button_sta(1);    //按钮按下
        }
    }
    else if ((tp_dev.sta & 0xc0) == 0x40)
    {
        delay_ms(110);
        lcd_set_button_sta(0);

        if (tp_dev.x > WINDOW_X + 150    &&    tp_dev.x < WINDOW_X + 250
            && tp_dev.y > WINDOW_Y + 100    &&    tp_dev.y < WINDOW_Y + 140)
        {
            return 1;
        }
    }
```

```
        else
        {
            flag = 1;
        }
        return 0;
    }
```

（4）无线温湿度及烟雾控制程序设计。

```
//rf_send.c
/*****************************************************
功能说明：环境节点无线控制
 * 输入参数：none;
 * 输出参数：none;
 * 返回值：none;
*****************************************************/
void rf433_huanjing_control()
{
    static u8 flg = 0;
    flg = !flg;

    if (device_addr == 0)
    {
        return;
    }

    rf_send.len = RF_CNT;
    rf_send.event = 0x10;    //读取温湿度及烟雾值
    rf_send.adr = device_addr;
    rf_send.status = 0;
    rf_send.value = 0;
    rf_send.crc = rf_send.len + rf_send.adr + rf_send.event + rf_send.status + rf_send.value;    //校验和
    halTYPE_RF_PRO_packet((u8*)&rf_send, RF_CNT);
}
```

接好电源及下载器 ST-Link 后，点 LOAD 下载到主机中。

4.4.3　节点端项目文件建立、配置及程序编写

环境控制应用节点工程建立请参考 1.3.2 节新建工程。

在软件 IAR 左边的工程中加入.c 及对应的.h 文件，如图 4-15 所示。

编译成功，下载到环境控制应用节点中。

节点软件设计，版本号：通用程序 V0.2。

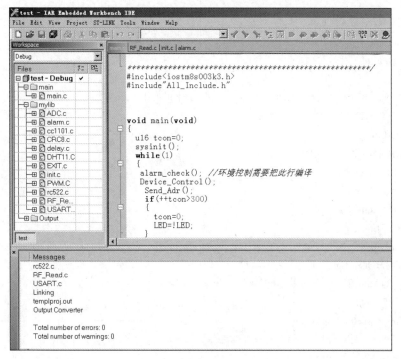

图 4-15　加入 .c 和 .h 文件

（1）main 函数设计。

```
//main.c
/*****************************************************
                智能家居设备终端控制类程序
主芯片：STM8S103K3
版本：V0.2
*****************************************************/
#include<iostm8s003k3.h>
#include"All_Include.h"
void main(void)
{
  u16 tcon=0;
  sysinit();
  while(1)
  {
    alarm_check();    //环境控制需要编译此行
    Device_Control();
    Send_Adr();
    if(++tcon>3000)
    {
      tcon=0;
      LED=!LED;
    }
    delay_ms(2);
  }
}
```

（2）初始化函数设计。

```
// sysinit();
void sysinit()
{
    CLOCK_Config(SYS_CLOCK);        //系统时钟初始化
    GPIO_INIT();
    DataInit();
    if(CC1101_Init())LED=0;
    InitRc522();
    Alarm_IOinit();
    TIM4_Init();
    Pwm_Init();
    BLED_ZKB(200);
    ADC_IOConfig(3);
    UART_Init(SYS_CLOCK, 9600);     //串口初始化
    asm("rim");                     //开总中断
    delay_ms(100);
}
```

（3）发送从机地址函数设计。

```
void Send_Adr(void)
{
    static u8 kcon=0;
    _RF_Read Send_Buf;
    if(!key)
    {
        delay_ms(20);
        if(!key && ++kcon>80)
        {
            kcon=0;
            Send_Buf.adr=0xff;          //主机地址
            Send_Buf.event=0xad;
            Send_Buf.value=PUID_DAT;
            Send_Buf.value<<=24;
            halRfSendPacket((u8 *)&Send_Buf,RF_CNT);
            while(!key)
            {
                LED=!LED;
                delay_ms(50);
            }
        }
    }
    else kcon=0;
}
```

（4）设备输出控制函数设计。

```
//主机发过来的 rf_send.event = 0x10 被从机接收后，在此解释
void Device_Control(void)     //设备输出控制
{

    u16 Air_Dat;
    u8 *pdat,st_buf;

    if(RF_Sta.DatFlag==OK)
    {
        RF_Sta.DatFlag=ERR;
        st_buf=RF_Read.status;
        RF_Read.status&=0x7f;
        switch(RF_Read.event)    //设备选择
        {
           case 0x01:Set_Wled(&RF_Read);   //设备状态
                   break;
           case 0x02:Set_RGBled(&RF_Read);
                   break;
           case 0x03:
                   break;
           case 0x04:
                   break;
           case 0x05:Set_Ice_Box(&RF_Read);
                   break;
           case 0x06:Set_Fan(&RF_Read);
                   break;
           case 0x07:
                   break;
           case 0x08:Curtain_Control(&RF_Read);   //窗帘控制
                   break;
           case 0x09:
                   break;
           case 0x10:
                   Air_Dat=Get_ADC_Data(3);    //获取烟雾传感器 AD 值
                   if(Air_Dat)
                   {
                       RF_Read.value=(((Air_Dat<<8)&0XFF00)|((Air_Dat>>8)&0X00FF));
                   }
                   else RF_Read.value=0;

                   if(read_TRH(&DHT11))   //读取温度
                   {
                       RF_Read.value|=((((unsigned long)DHT11.RH_data)<<24)|(((unsigned long)
                           DHT11.TH_data)<<16));//
```

```
                    }
                    else RF_Read.value&=0x0000ffff;
                break;
        case 0x11:
                break;
        case 0x12:
                break;
        case 0x55:
                if(RF_Read.status==0x04)      //查询状态
                {
                    RF_Read.status=Device.Sta&0x08;
                    RF_Read.value=0;
                }
                else
                {
                    ctcon=0;      //清零计数
                    pdat=alarm_check();       //防盗
                    if(pdat!=NULL)
                    {
                        RF_Read.value=*pdat;
                        *pdat=0;
                    }
                    else RF_Read.value=0;
                }
                delay_ms(2);
                break;
        case 0xaa:Set_RGBled(&RF_Read);
                break;
        case 0x71:
                CLOSE_INTERRUPT;      //关总中断
                switch(RF_Read.status)
                {
                    case 0x55:      //门禁模式

                                IC_CARD.mode=Access;
                                //读卡，获取卡号
                                if(Read_IC_Card_ID((u8 *)&IC_CARD.id)==MI_OK)
                                {
                                    LED=!LED;
                                    RF_Read.value=IC_CARD.id;
                                }

                            break;
                    case 0x56:      //充值
                                IC_CARD.mode=Recharge;
                                IC_CARD.money=RF_Read.value;
```

```
                        break;
            case 0x57:    //扣款
                        IC_CARD.mode=Deductions;
                        IC_CARD.money=RF_Read.value;
                        break;



            }
            OPEN_INTERRUPT;     //开总中断
                break;
        case 0xfe: if(RF_Read.status==0x01)
                    {
                        Open_Curtain();
                    }
                    else if(RF_Read.status==0x02)
                    {
                        Close_Curtain();
                    }

                    break;
        default:
                    break;
        }

            if(!(st_buf & 0x80) &&    RF_Read.adr)    //RF_Read.status 最高位必须为 0 才回复主机
            {
                RF_Read.adr=0xff;    //主机地址
                RF_Read.status |= 0x80;    //成功执行标志
                halRfSendPacket((u8 *)&RF_Read,RF_CNT);
            }
        }
    }

}
```

4.5　项目运行调试

安装好驱动 ST-Link，参考第 1 章新建工程。

通过 ST-Link 对主控板及节点分别下载程序，请参考第 2 章。

主机界面如图 4-16 所示。

长按节点黑色按键，节点 433 模块发送该节点地址。主机收到从机地址后，界面如图 4-17 所示。

按主机屏上的 BUTTON，主机屏显示如图 4-18 所示。

图 4-16　主机界面

图 4-17　主机收到从机地址

图 4-18　主机屏显示

环境节点如图 4-19 所示。

图 4-19　环境节点

　　如果对上图温湿度模块用口吹气，温度和湿度均会升高，如图 4-20 所示，与图 4-18 相比较温湿度明显升高。

　　针对烟雾检测模块，如果用打火机在烟雾模块正下方释放气体（CH4），图 4-20 中的 MQ-2 值也会升高，这里就不多赘述了。

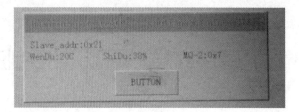

图 4-20　主机屏显示

本章小结

　　本章主要讲述智能家居——环境控制应用方面的内容，分别从知识背景、项目需求、项目设计、项目实施、项目运行调试等角度展开阐述，注重培养结合相应硬件进行上机建立智能家居——环境控制应用程序并调试的能力，以任务方式引出相关知识点，便于快速掌握相关知识。

第 5 章　智能家居——防盗控制应用

5.1　知识背景

本章采用振动传感器和红外对管来实现报警功能。需要用到的硬件有 7 寸屏、触摸屏、433 模块、24C0XX，涉及的协议有 IIC 协议和 SPI 协议。

实现智能家居防盗控制的硬件模块有主机 CPU（STM32F103ZET6）、节点 CPU（STM8S103K3）、振动传感器、红外对管。

5.1.1　振动传感器（报警系统）

可调、高灵敏度振动传感器采用蜂鸣片及触点弹簧组成的振动传感系统，具有灵敏度高、响应快速等特点。实物如图 5-1 所示，内部结构如图 5-2 所示。内部用压电陶瓷片加弹簧重锤结构检测振动信号，并通过 LM358 等运放放大并输出控制信号，具有成本低、灵敏度高、工作稳定可靠、振动检测可调节范围大等优点，被大量应用到汽车、摩托车防盗系统上，目前 80% 的车辆报警器都用这类传感器。传感器内部采用 SMT 贴片工艺，使用进口元件装配而成，传感器还可与单片机、无线发射模块、有线警号等配套使用，被广泛用于汽车、摩托车防盗器、电子锁、安防控制系统等。

图 5-1　振动传感器实物图

图 5-2　振动传感器内部结构图

可调、高灵敏度振动传感器参数如下：

（1）尺寸：长 60mm×宽 40mm×高 21mm 带耳板。

（2）主要芯片：LM358、振动检测元件。

（3）工作电压：DC 5～15V。

可调、高灵敏度振动传感器特点如下：

（1）具有信号输出指示灯指示。

（2）单路信号输出，检测到振动时输出延时 1s 信号。

（3）输出有效信号为低电平，可接单片机等控制器。

（4）带安装孔，安装方便、灵活。

（5）检测振动灵敏度可调节。

（6）电路板输出引线长为 1 米，带标准 2.54-3pin 插口，方便连接。

另外，该振动传感器可以直接外接继电器模块，将振动报警信号转换为开关信号输出，接线方法如图 5-3 所示。

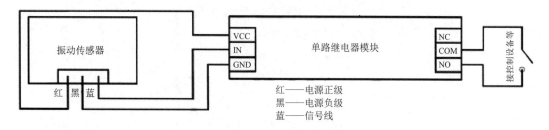

图 5-3 接线方法

继电器模块相当于是一个开关，可以连接喇叭、闪光灯等设备，工作现象是当有振动的时候继电器模块就工作，输出信号接通报警设备工作。继电器模块实物如图 5-4 所示。

图 5-4 继电器模块

5.1.2 红外对管传感器（报警系统）

红外遥控是目前使用最广泛的一种通信和遥控手段。实物如图 5-5 所示。由于红外遥控装置具有体积小、功耗低、成本低等特点，因而，继彩电、录像机之后，在录音机、音响设备、空调机、玩具等其他小型电器装置上也纷纷采用红外遥控。工业设备中，在高压、辐射、有毒气体、粉尘等环境下，采用红外遥控不仅完全可靠而且能有效地隔离电气干扰。

图 5-5 红外对管传感器

（1）红外遥控系统。

通用红外遥控系统由发射和接收两大部分组成，使用编/解码专用集成电路芯片来进行控制操作，如图 5-6 所示。发射部分包括矩阵键盘、编码调制电路、LED 红外发射器；接收部分包括光/电转换放大器、解调/解码电路。

图 5-6　红外系统框图

（2）遥控发射器及其编码。

遥控发射器专用芯片很多，根据编码格式可以分成两大类，这里我们以运用比较广泛，解码比较容易的 HT6221 为例来说明编码原理。当发射器按键按下后，即有遥控码发出，所按的键不同遥控码也不同。这种遥控码具有以下特征：采用脉宽调制的串行码，以脉宽为0.565ms、间隔为 0.56ms、周期为 1.125ms 的组合表示二进制的"0"；以脉宽为 0.565ms、间隔为 1.685ms、周期为 2.25ms 的组合表示二进制的"1"，其波形如图 5-7 所示。

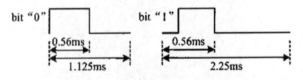

图 5-7　遥控码的"0"和"1"

上述"0"和"1"组成的 32 位二进制码经 38kHz 的载频进行二次调制以提高发射效率，达到降低电源功耗的目的。然后再通过红外发射二极管产生红外线向空间发射，如图 5-8 所示。

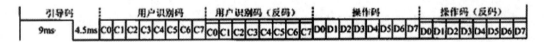

图 5-8　遥控信号编码波形图

HT6221 产生的遥控编码是连续的 32 位二进制码组，其中前 16 位为用户识别码，能区分不同的电器设备，防止不同机种遥控码互相干扰。

当遥控器按键按下后，会周期性地发出同一种 32 位二进制码，周期约为 108ms。一组码本身的持续时间随它包含的二进制"0"和"1"的个数不同而不同，大约在 45~63ms 之间。

当一个键按下超过 36ms 时，振荡器会使芯片激活，将发射一组 108ms 的编码脉冲，这108ms 发射代码由一个起始码（9ms）、一个结果码（4.5ms）、低 8 位地址码（9ms~18ms）、高 8 位地址码（9ms~18ms）、8 位数据码（9ms~18ms）和这 8 位数据的反码（9ms~18ms）组成。如果键按下超过 108ms 仍未松开，接下来发射的代码（连发代码）将仅由起始码（9ms）和结束码（2.5ms）组成。

代码格式（以接收代码为准）位定义如图 5-9 所示。

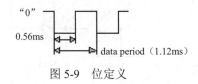

图 5-9　位定义

单发代码格式如图 5-10 所示。

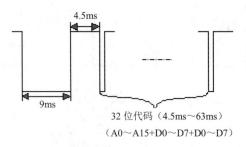

32 位代码（4.5ms～63ms）

（A0～A15+D0～D7+D0～D7）

图 5-10　单发代码格式

连发代码格式如图 5-11 所示。

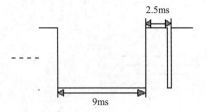

图 5-11　连发代码格式

注意：解码的关键是如何识别"0"和"1"，从位的定义我们可以发现"0"、"1"均以 0.56ms 的低电平开始，不同的是高电平的宽度不同，"0"为 0.56ms，"1"为 1.68ms，所以必须根据高电平的宽度来区别"0"和"1"。

根据码的格式，应该等待 9ms 的起始码和 4.5ms 的结果码完成后才能读码。

5.2　项目需求

主机与节点通过无线模块 433 通信。当有人触发防盗节点上的振动传感器或红外对管传感器时，节点将触发报警系统，通过无线模块 433 传信号给主机，主机在屏幕上显示传感器被触发的信息，也可以让蜂鸣器响，或喇叭发出报警声音。

5.3　项目设计

5.3.1　硬件设计

通用节点电源如图 5-12 所示，通用节点主控如图 5-13 所示。

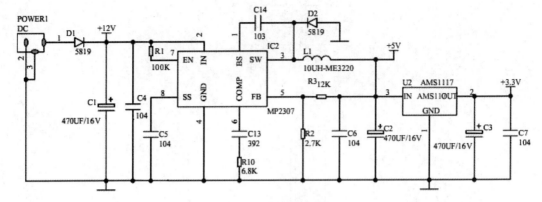

图 5-12   通用节点电源

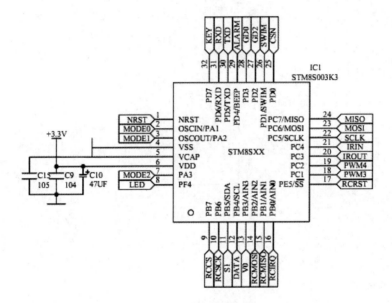

图 5-13   通用节点主控

红外线电路图如图 5-14 所示。

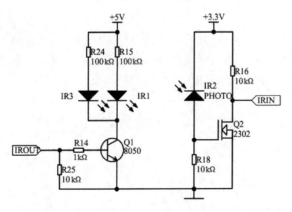

图 5-14   红外线电路图

振动模块电路图如图 5-15 所示。

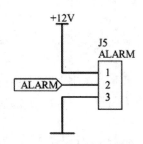

图 5-15　振动模块电路图

通信 433 模块如图 5-16 所示。

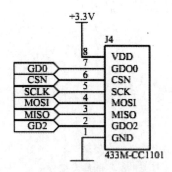

图 5-16　通信 433 模块

节点程序下载接口电路图如图 5-17 所示。

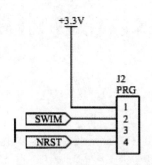

图 5-17　节点程序下载接口电路图

5.3.2　软件设计

1．主控程序

```
init_delay(72);          //延时函数的初始化
init_led();              //主控板 LED 灯的初始化
init_lcd();              //7 寸屏初始化
init_tp();               //7 寸屏触摸屏的初始化
init_cc1101();           //无线模块 433 初始化
```

```
        rf433_fangdao_control();        //防盗控制
        rf_send.event = 0x55;           //读取防盗命令
```

主控程序设计思路如下：

（1）延时函数、LED 灯、7 寸屏及触摸模块、无线模块 433 初始化。

（2）等待从机传来地址。

（3）如果节点没有传地址（即我们没有长按节点黑色按键），那么回到（2），继续等待。

（4）如果节点传来地址，没有人按屏上 BUTTON，即触模屏没有返回 1，主机就不会发出读取防盗命令。

（5）如果节点传来地址，有人按屏上 BUTTON，即触模屏返回 1，主机就会发出读取防盗的命令。

（6）通用节点收到命令后对其解释。如果有人触发振动或红外传感器，节点将报警信息通过无线模块 433 传给主机，并在屏幕上显示报警。

2.　节点程序

```
void main(void)
{
  u16 tcon=0;
  sysinit();                      // STM8 时钟，防盗报警系统所用到模块的初始化
  while(1)
  {
    alarm_check();                //报警传感器侦测
    Device_Control();             //对主机发来的命令解译
    Send_Adr();                   //长按节点黑色按键，节点向主机发送地址
    if(++tcon>300)
    {
      tcon=0;
      LED=!LED;                    //灯的亮灭表明该节点正在工作
    }
    delay_ms(2);
  }
}
```

节点程序设计思路如下：

（1）初始化（STM8 时钟、GPIO 口、无线模块初始化，PWM 初始化（PWM 可调灯的亮度））。

（2）此时 Device_Control 不执行。

（3）此时如果有人长按黑色按键，就执行 Send_Adr()，发送从机地址。

（4）如果主机发来防盗控制命令，433M 收到后，RF_Sta.DatFlag==OK 成立。此时 Device_Control 执行，判断是发送给哪个模块的命令。

主机：rf_send.event = 0x55;

节点：case 0x55: 判断是否有人触发防盗装置。

（5）节点将报警信息通过无线模块 433 传给主机屏上显示。

5.4　项目实施

5.4.1　硬件环境部署

供电模块：主机与从机共用 12V、2A 电源。

其他模块：主机、主机 433 模块、防盗系统通用节点、从机 433 模块、液晶屏。

5.4.2　主控端项目文件建立、配置及程序编写

1.　主机防盗控制（新建工程参考 1.3.1 节）

在 keil 软件工程中加入如图 5-18 所示的.c 文件及其对应的.h 文件。

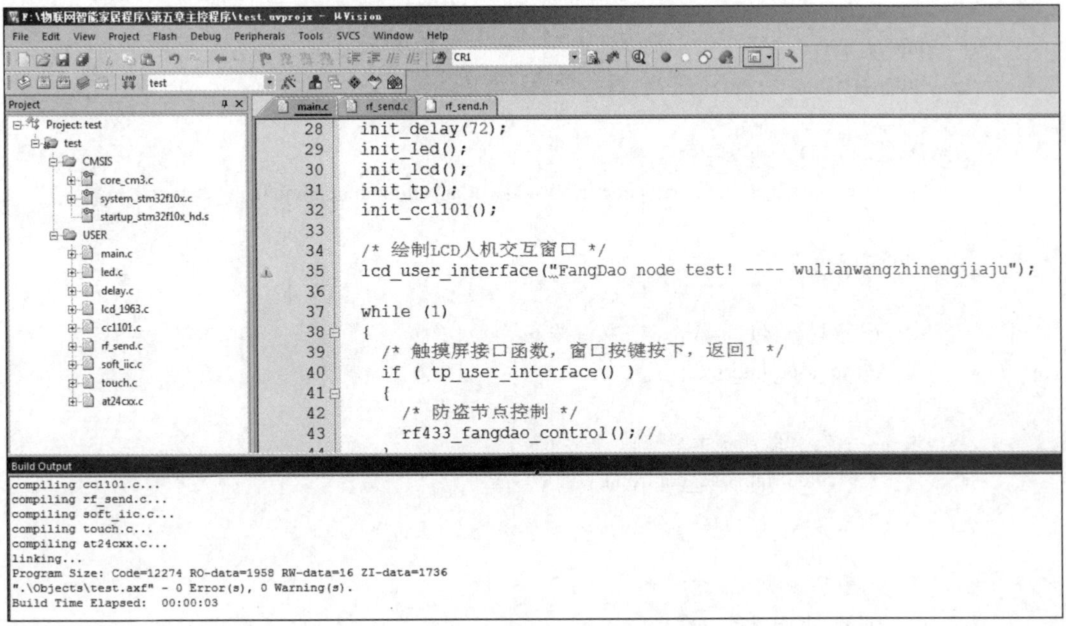

图 5-18　加入.c 和.h 文件

2.　主控端软件设计

（1）main 函数设计。

```
//main.c
/*智能家居中控端软件
主芯片：STM32F103ZET6
版本：V0.3
*****************************************************/
#include "stm32f10x.h"
#include "led.h"
#include "delay.h"
#include "lcd_1963.h"
#include "touch.h"
```

```c
#include "cc1101.h"
#include "rf_send.h"

/*****************************************************
 * 功能说明：主函数，程序入口
 * 输入参数：none;
 * 输出参数：none;
 * 返回值：none;
 *****************************************************/
int main()
{
    init_delay(72);
    init_led();
    init_lcd();
    init_tp();
    init_cc1101();

    /* 绘制 LCD 人机交互窗口 */
    lcd_user_interface("FangDao node test! ------wulianwangzhinengjiaju");

    while (1)
    {
        /* 触摸屏接口函数，窗口按键按下，返回 1 */
        if ( tp_user_interface() )
        {
            /* 无线防盗节点控制 */
            rf433_fangdao_control();
        }

        /* 获取无线节点地址 */
        rf433_slave_addr_get();
    }
}
```

（2）获取无线节点地址程序设计。

```c
//rf433_slave_addr_get()
//rf_send.c
/*****************************************************
 * 功能说明：获取从机地址
 * 输入参数：none;
 * 输出参数：none;
 * 返回值：none;
 *****************************************************/
void rf433_slave_addr_get()
{
```

```
            TYPE_RF_PRO *p;
            char str[]="           ";
            if (rf_status.dat_flag == OK)
            {
                rf_status.dat_flag = ERR;
                p = (TYPE_RF_PRO *)&rf_read_buff[0];
                if (p->event == 0xad)                //从机上传地址的事件
                {
                    device_addr = p->value;          //保存设备地址
                            sprintf(str,"%#x",p->value);
                    lcd_show_string(WINDOW_X+98, WINDOW_Y+45, (u8*)str, BLUE, RGB(180, 180, 180));
                }
                else if (p->event)
                {
                }
            }
        }
```

（3）接触屏用户接口函数设计。

```
//touch.c
// tp_user_interface()函数
/*******************************************************
 * 功能说明：触摸屏用户接口函数
 * 输入参数：none;
 * 输出参数：none;
 * 返回值：  1：有按下按钮位置；   0：无触屏按下
 *******************************************************/
u8 tp_user_interface()
{
    static u8 flag = 1;
    tp_scan(0);

    if (tp_dev.sta & 0x80)
    {
        if (tp_dev.x > WINDOW_X + 150   &&   tp_dev.x < WINDOW_X + 250
            && tp_dev.y > WINDOW_Y + 100   &&   tp_dev.y < WINDOW_Y + 140 && flag)
        {
            flag = 0;
            lcd_set_button_sta(1);     //按钮按下
        }
    }
    else if ((tp_dev.sta & 0xc0) == 0x40)
    {
        delay_ms(110);
        lcd_set_button_sta(0);
```

```
                if (tp_dev.x > WINDOW_X + 150   &&   tp_dev.x < WINDOW_X + 250
                    && tp_dev.y > WINDOW_Y + 100   &&   tp_dev.y < WINDOW_Y + 140)
                {
                    return 1;
                }
            }
            else
            {
                flag = 1;
            }
            return 0;
        }
```

（4）无线防盗控制程序设计。

```
    //rf_send.c
    /*****************************************************
     *  功能说明：防盗节点无线控制
     *  输入参数：none;
     *  输出参数：none;
     *  返回值：none;
     *****************************************************/
    void rf433_fangdao_control()
    {
        static u8 flg = 0;
        flg = !flg;

        if (device_addr == 0)
        {
            return;
        }

        rf_send.len = RF_CNT;
        rf_send.event = 0x55;    //读取防盗节点
        rf_send.adr = device_addr;
        rf_send.status = 0;
        rf_send.value = 0;
        rf_send.crc = rf_send.len + rf_send.adr + rf_send.event + rf_send.status + rf_send.value;    //校验和
        halTYPE_RF_PRO_packet((u8*)&rf_send, RF_CNT);
        delay_ms(10);
        halTYPE_RF_PRO_packet((u8*)&rf_send, RF_CNT);
    }
```

接好电源及下载器 ST-Link，然后点 LOAD 下载到主机中。

5.4.3 节点端项目文件建立、配置及程序编写

防盗节点工程请参考 1.3.2 节新建工程。

在软件 IAR 左边工程中加入.c 及对应的.h 文件，如图 5-19 所示。

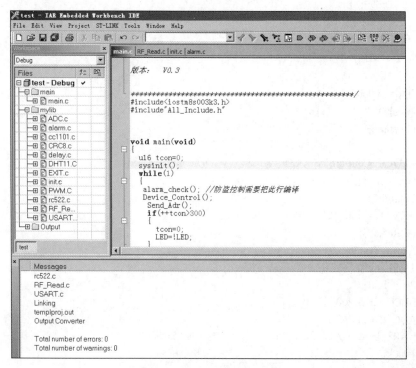

图 5-19　加入.c 和.h 文件

编译成功，下载到防盗节点中。

节点软件设计，版本号：通用程序 V0.1。

（1）main 函数设计。

```
//main.c
/*******************************************************
                智能家居设备终端控制类程序
主芯片：STM8S103K3
版本：V0.1
*******************************************************/
#include<iostm8s003k3.h>
#include"All_Include.h"
void main(void)
{
  u16 tcon=0;
  sysinit();
  while(1)
  {
    alarm_check();
    Device_Control();
    Send_Adr();
    if(++tcon>300)
    {
```

```
        tcon=0;
        LED=!LED;
    }
    delay_ms(2);
}
}
```

（2）初始化函数设计。

```
// sysinit()
void sysinit()
{
    CLOCK_Config(SYS_CLOCK);          //系统时钟初始化
    GPIO_INIT();
    DataInit();
    if(CC1101_Init())LED=0;
    InitRc522();
    Alarm_IOinit();
    TIM4_Init();
    Pwm_Init();
    BLED_ZKB(200);
    ADC_IOConfig(3);
    UART_Init(SYS_CLOCK, 9600);       //串口初始化
    asm("rim");                       //开总中断
    delay_ms(100);
}
```

（3）发送从机地址函数设计。

```
void Send_Adr(void)
{
    static u8 kcon=0;
    _RF_Read Send_Buf;
    if(!key)
    {
        delay_ms(20);
        if(!key && ++kcon>80)
        {
            kcon=0;
            Send_Buf.adr=0xff;            //主机地址
            Send_Buf.event=0xad;
            Send_Buf.value=PUID_DAT;
            Send_Buf.value<<=24;
            halRfSendPacket((u8 *)&Send_Buf,RF_CNT);
            while(!key)
            {
                LED=!LED;
                delay_ms(50);
            }
        }
```

```
        }
        else kcon=0;
    }
```

（4）设备输出控制函数设计。

主机发过来的 rf_send.event = 0x55 被从机接收后，在此解释。

```
    void Device_Control(void)                          //设备输出控制
    {

        u16 Air_Dat;
        u8 *pdat,st_buf;
        if(RF_Sta.DatFlag==OK)
        {
            RF_Sta.DatFlag=ERR;
            st_buf=RF_Read.status;
            RF_Read.status&=0x7f;
            switch(RF_Read.event)                      //设备选择
            {
                case 0x01:Set_Wled(&RF_Read);          //设备状态
                        break;
                case 0x02:Set_RGBled(&RF_Read);
                        break;
                case 0x03:
                        break;
                case 0x04:
                        break;
                case 0x05:Set_Ice_Box(&RF_Read);
                        break;
                case 0x06:Set_Fan(&RF_Read);
                        break;
                case 0x07:
                        break;
                case 0x08:Curtain_Control(&RF_Read);   //窗帘控制
                        break;
                case 0x09:
                        break;
                case 0x10:
                        Air_Dat=Get_ADC_Data(3);       //获取烟雾传感器 AD 值
                        if(Air_Dat)
                        {
                            RF_Read.value=(((Air_Dat<<8)&0XFF00)|((Air_Dat>>8)&0X00FF));
                        }
                        else RF_Read.value=0;

                        if(read_TRH(&DHT11))           //读取温度
                        {
```

```
                    RF_Read.value|=((((unsigned long)DHT11.RH_data)<<24)|(((unsigned long)
                         DHT11.TH_data)<<16));//


                 }
                 else RF_Read.value&=0x0000ffff;
             break;
        case 0x11:
             break;
        case 0x12:
             break;
        case 0x55:
             if(RF_Read.status==0x04)           //查询状态
             {
                 RF_Read.status=Device.Sta&0x08;
                 RF_Read.value=0;
             }
             else
             {
                 ctcon=0;                        //清零计数
                 pdat=alarm_check();             //防盗
               if(pdat!=NULL)
               {
                   RF_Read.value=*pdat;
                   *pdat=0;
               }
               else RF_Read.value=0;
             }
             delay_ms(2);
             break;
        case 0xaa:Set_RGBled(&RF_Read);
             break;
        case 0x71:
             CLOSE_INTERRUPT;                    //关总中断
             switch(RF_Read.status)
             {
               case 0x55:                        //门禁模式

                   IC_CARD.mode=Access;

                   if(Read_IC_Card_ID((u8 *)&IC_CARD.id)==MI_OK) //读卡，获取卡号
                   {
                       LED=!LED;
                       RF_Read.value=IC_CARD.id;
                   }
```

```
                            break;
                case 0x56:     //充值
                    IC_CARD.mode=Recharge;
                    IC_CARD.money=RF_Read.value;
                            break;
                case 0x57:     //扣款
                    IC_CARD.mode=Deductions;
                    IC_CARD.money=RF_Read.value;
                            break;



                }
            OPEN_INTERRUPT;     //开总中断
                break;
        case 0xfe: if(RF_Read.status==0x01)
                {
                    Open_Curtain();
                }
                else if(RF_Read.status==0x02)
                {
                    Close_Curtain();
                 }

                break;
        default:
                break;
        }

        if(!(st_buf & 0x80) &&   RF_Read.adr)   //RF_Read.status 最高位必须为 0 才回复主机
        {
          RF_Read.adr=0xff;          //主机地址
          RF_Read.status |= 0x80;    //成功执行标志
          halRfSendPacket((u8 *)&RF_Read,RF_CNT);
        }
    }
}

}
```

（5）报警传感器侦测函数设计。

```
/***************************************************************
函数名：u16 alarm_check(void)
功能：报警传感器侦测
入口参数：无
返回值：NULL，没有报警事件发生
        其他，事件发生次数
***************************************************************/
```

```
u8 *alarm_check(void)
{
    static u8 start_flag=0;
    static u8 alarm_flag=0;
    static u16 cont=0,decon=0,stcon=0,irdcon=0,irstcon=0;
    if(start_flag)                          //开机延时 2s 左右，等振动模块初始化完毕
    {
        if(!ALARM_PIN && ++cont>30)
        {
            ctcon=0;
            cont=0;
            decon=0;
            alarm_flag=10;                  //++;
            // LED=1;
        }
        else if(ALARM_PIN && (++decon>30))
        {
            decon=0;
            cont=0;
        }

        IR_TOUT_PIN=IRON;
        if(IR_RIN_PIN && ++irdcon>2)        //有遮挡
        {
            ctcon=0;
            irdcon=0;
            alarm_flag=20;                  //随意，只要非 0 即可
            //LED=1;
        }
        else if(!IR_RIN_PIN && ++irstcon>2)
        {
            irdcon=0;
            irstcon=0;
            //LED=0;
        }
        IR_TOUT_PIN=IROFF;
    }
    else if(++stcon>300){stcon=0;start_flag=1;}

    if(++ctcon>1000)
    {
        ctcon=0;
        alarm_flag=0;
```

```
    }
    if(alarm_flag)return &alarm_flag;
    return NULL;
}
```

5.5 项目运行调试

ST-LINK，安装好驱动，参考第 1 章新建工程。

通过 ST-Link 对主控板及节点分别下载程序，请参考第 1 章。

主机界面如图 5-20 所示。

图 5-20 主机界面

长按节点黑色按键，节点 433 模块发送该节点地址。主机收到从机地址后界面如图 5-21 所示。

图 5-21 主机收到从机地址

触发防盗节点传感器时，按主机屏上的 BUTTON，主机屏显示如图 5-22 所示。

图 5-22 主机屏显示

防盗节点如图 5-23 和图 5-24 所示。其中，图 5-23 为红外结管；图 5-24 为 PCB 板，其上方是红外对管，下方是振动传感器。

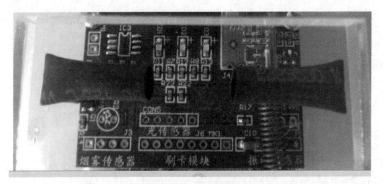

图 5-23　红外结管

图 5-24　PCB 板

本章小结

　　本章主要讲述智能家居——防盗控制应用方面的内容，分别从知识背景、项目需求、项目设计、项目实施、项目运行调试等角度展开阐述，注重培养结合相应硬件进行上机建立智能家居——防盗控制应用程序并调试的能力，以任务方式引出相关知识点，便于快速掌握相关知识。

第6章 智能家居——门禁控制应用

6.1 知识背景

1. 基本功能——对通道进出权限的管理

进出通道的权限：就是对每个通道限制，授权限的人可以进出，没有授权限的人不能进出。

进出通道的方式：就是对可以进出该通道的人进行进出方式的授权，进出方式通常有密码、读卡（物理识别卡）、读卡（生物识别）+密码三种方式。

进出通道的时段：就是设置可以进出该通道的人在什么时间范围内可以进出。

异常报警功能：在异常情况下可以实现微机报警或报警器报警，如非法侵入、门超时未关等。

卡片识别：卡片与设备无接触，开门方便；寿命长，理论数据至少十年；安全性高，卡片很难被复制，可联微机，有开门记录；可以实现双向控制。

2. TJDZ-RC522 RFID 读卡模块

RC522 RFID 读卡模块如图6-1所示。

图6-1 RC522 RFID 读卡模块

使用步骤如下：

第一步：将 RFID 模块与 MSP430F149 最小系统板采用杜邦线连接，如表6-1所示。

表6-1 RFID 模块与 MSP430F149 最小系统板对应接口

RC522 接口	MSP430F149 接口
SDA（数据接口）	P2.7
SCK（时钟接口）	P2.6
MOSI（SPI 接口主出从入）	P2.5
MOSO（SPI 接口主入从出）	P2.1
NC（悬空）	

RC522 接口	MSP430F149 接口
GND（地）	GND
RST（复位信号）	P2.3
3.3V（电源）	3.3V

第二步：通过 BSL 将程序下载到 MSP430F149 中。

第三步：用串口线 USB-RS232 连接计算机与开发板。

第四步：打开串口调试助手（正确设置波特率以及串口号）。

第五步：按 MSP430F149 最小系统板上的复位键，则串口调试助手出现。

第六步：在串口发送区，输入 A 点击发送为自动寻卡模式；若输入 F 点击发送则为单次寻卡模式。

第七步：将卡片放到读卡模块上，则可以看到卡的 ID 号被读出。

6.2　项目需求

主机与节点通过无线模块 433 通信。当有人刷卡时，节点将读取该 IC 卡的信息，通过无线模块 433 传给主机，主机在屏幕上显示卡号等信息。

6.3　项目设计

6.3.1　硬件设计

通用节点电源如图 6-2 所示。

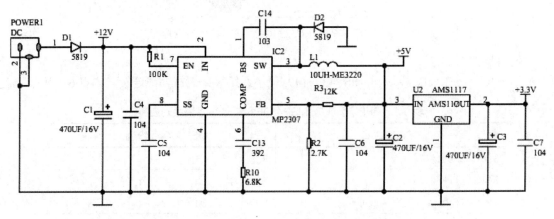

图 6-2　通用节点电源

通用节点主控模块如图 6-3 所示，RFIC 卡模块如图 6-4 所示。

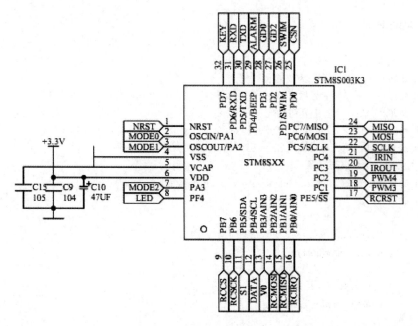

图 6-3　通用节点主控模块

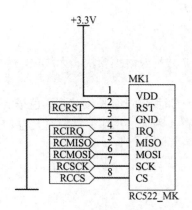

图 6-4　RFIC 卡模块

无线通信 433 模块如图 6-5 所示，节点程序下载接口如图 6-6 所示。

图 6-5　无线通信 433 模块　　　　　图 6-6　节点程序下载接口

6.3.2　软件设计

1. 主控程序

```
init_delay(72);        //延时函数的初始化
init_led();            //主控板 LED 灯的初始化
init_lcd();            //7 寸屏初始化
init_tp();             //7 寸屏触摸屏的初始化
init_cc1101();         //无线模块 433 初始化
/* 绘制 LCD 人机交互窗口 */
lcd_user_interface("MenJin node test! -- wulianwangzhinengjiaju");
while (1)
{
    /* 触摸屏接口函数，窗口按键按下，返回 1 */
    if ( tp_user_interface() )
    {
        /* 门禁节点控制 */
        rf433_menjin_control();
    }
    /* 获取无线节点地址、IC 卡号 */
    rf433_get_slave_data();
}
```

主控程序设计思路如下：

（1）延时函数、LED 灯、7 寸屏及触摸模块、无线模块 433 初始化。

（2）等待从机传来地址。

（3）如果节点没有传地址（即我们没有长按节点黑色按键），那么回到（2），继续等待。

（4）如果节点传来地址，有人刷卡，并且有人按屏上的 BUTTON，当松开 BUTTON 时，卡号就被读取。

2. 节点程序

```
void main(void)
{
    u16 tcon=0;
    sysinit();                  // STM8 时钟，门禁控制系统所用到模块的初始化
    while(1)
    {
        alarm_check();          //门禁传感器侦测
        Device_Control();       //对主机发来的命令解译
        Send_Adr();             //长按节点黑色按键，节点向主机发送地址
        if(++tcon>300)
        {
            tcon=0;
            LED=!LED;           //灯的亮灭表明该节点正在工作
        }
        delay_ms(2);
    }
}
```

节点程序的设计思路如下：

（1）初始化（STM8 时钟、GPIO 口、无线模块初始化，PWM 初始化（PWM 可调灯的亮度））。

（2）此时 Device_Control 不执行。

（3）此时如果有人长按黑色按键，就执行 Send_Adr()，发送从机地址。

（4）如果主机发来门禁令控制命令，433M 收到后，RF_Sta.DatFlag==OK 成立。此时 Device_Control 执行，判断是发送给哪个模块的命令。

主机：rf_send.event = 0x71;

节点：case 0x71:判断是否有人触发门禁刷卡装置。

（5）节点将 IC 卡号等相关信息通过无线模块 433 传给主机屏上显示。

6.4　项目实施

6.4.1　硬件环境部署

主机（STM32）通过其无线 433 模块将信息传递给从机 433 模块，从机（节点）接收信息后，把刷卡信息通过 433 无线模块再次传回给主机（主机 433 模块接收信息并传给主机），最后在液晶屏上显示节点刷卡信息故所需硬件如下：

（1）电源：主机与从机共用 12V、2A 电源。

（2）其他硬件：主机（STM32）、主机 433 模块、从机 433 模块、刷 IC 卡通用节点、液晶屏。

6.4.2　主控端项目文件建立、配置及程序编写

1. 主机门禁控制（新建工程参考 1.3.1 节）

在 keil 软件工程中加入如图 6-7 所示的.c 文件及其对应的.h 文件。

图 6-7　加入.c 和.h 文件

2. 主控端软件设计

（1）main 函数设计。

```c
//main.c
主芯片：STM32F103ZET6
版本：V0.1
********************************************************/
#include "stm32f10x.h"
#include "led.h"
#include "delay.h"
#include "lcd_1963.h"
#include "touch.h"
#include "cc1101.h"
#include "rf_send.h"

/********************************************************
 * 功能说明：主函数，程序入口
 * 输入参数：none;
 * 输出参数：none;
 * 返回值：none;
 ********************************************************/
int main()
{
    init_delay(72);
    init_led();
    init_lcd();
    init_tp();
    init_cc1101();
    /* 绘制 LCD 人机交互窗口 */
    lcd_user_interface("MenJin node test!--- wulianwangzhinengjiaju");

    while (1)
    {
        /* 触摸屏接口函数，窗口按键按下，返回 1 */
        if ( tp_user_interface() )
        {
            /* 门禁节点控制 */
            rf433_menjin_control();
        }
        /* 获取无线节点地址、IC 卡号 */
        rf433_get_slave_data();
    }
}
```

（2）获取无线节点地址程序设计。

```c
//rf433_slave_addr_get()
//rf_send.c
/********************************************************
```

```
 * 功能说明：获取从机上发的数据
 * 输入参数：none;
 * 输出参数：none;
 * 返回值：none;
**********************************************************/
void rf433_get_slave_data()
{
    TYPE_RF_PRO *p;
    char str[30]={0};

    if (rf_status.dat_flag == OK)
    {
        rf_status.dat_flag = ERR;
        p = (TYPE_RF_PRO *)&rf_read_buff[0];

        if (p->event == 0xad)              //从机上传地址
        {
            device_addr = p->value;     //保存设备地址
            sprintf(str,"Slave_addr:%#x",p->value);
            lcd_show_string(WINDOW_X+10, WINDOW_Y+45, (u8*)str, BLUE, RGB(180, 180, 180));
        }
        else if (p->event == 0x71)         //从机上传 IC 卡号
        {
            sprintf(str,"IC_card:%#x", big_small_convert(p->value));
            lcd_show_string(WINDOW_X+10, WINDOW_Y+65, (u8*)str, BLUE, RGB(180, 180, 180));
        }
    }
}
```

（3）触摸屏用户接口函数设计。

```
//touch.c
//tp_user_interface()函数
/*********************************************************
 * 功能说明：触摸屏用户接口函数
 * 输入参数：none;
 * 输出参数：none;
 * 返回值： 1：有按下按钮位置；    0：无触屏按下
**********************************************************/
u8 tp_user_interface()
{
    static u8 flag = 1;
    tp_scan(0);

    if (tp_dev.sta & 0x80)
    {
        if (tp_dev.x > WINDOW_X + 150   &&   tp_dev.x < WINDOW_X + 250
            && tp_dev.y > WINDOW_Y + 100   &&    tp_dev.y < WINDOW_Y + 140 && flag)
        {
```

```
                    flag = 0;
                    lcd_set_button_sta(1);      //按钮按下
                }
            }
            else if ((tp_dev.sta & 0xc0) == 0x40)
            {
                delay_ms(110);
                lcd_set_button_sta(0);

                if (tp_dev.x > WINDOW_X + 150    &&    tp_dev.x < WINDOW_X + 250
                    && tp_dev.y > WINDOW_Y + 100    &&    tp_dev.y < WINDOW_Y + 140)
                {
                    return 1;
                }
            }
            else
            {
                flag = 1;
            }
            return 0;
        }
```

（4）门禁节点控制程序设计。

```
    rf433_menjin_control()
    /****************************************************
     * 功能说明：门禁节点无线控制
     * 输入参数：none;
     * 输出参数：none;
     * 返回值：none;
     ****************************************************/
    void rf433_menjin_control()
    {
        static u8 flg = 0;
        flg = !flg;

        if (device_addr == 0)
        {
            return;
        }

        rf_send.len = RF_CNT;
        rf_send.event = 0x71;    //读取 IC 卡号
        rf_send.adr = device_addr;
        rf_send.status = 0x55;
        rf_send.value = 0;
        rf_send.crc = rf_send.len + rf_send.adr + rf_send.event + rf_send.status + rf_send.value;    //校验
        halTYPE_RF_PRO_packet((u8*)&rf_send, RF_CNT);
        delay_ms(10);
```

```
halTYPE_RF_PRO_packet((u8*)&rf_send, RF_CNT);
}
```

接好电源及下载器 ST-Link，然后点 LOAD 下载到主机中。

6.4.3　节点端项目文件建立、配置及程序编写

防盗节点工程请参考 1.3.2 节新建工程。

在软件 IAR 左边工程中加入.c 及对应的.h 文件，如图 6-8 所示。

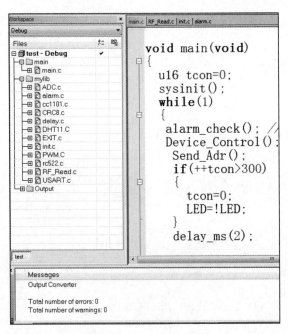

图 6-8　加入.c 和.h 文件

编译成功，下载到门禁节点中。

节点软件设计，版本号：通用程序 V0.1。

（1）main 函数设计。

```
//main.c
/******************************************************
                智能家居设备终端控制类程序
主芯片：STM8S103K3
版本：V0.1
******************************************************/
#include<iostm8s003k3.h>
#include"All_Include.h"
void main(void)
{
  u16 tcon=0;
  sysinit();
  while(1)
  {
```

```
        alarm_check();
        Device_Control();
        Send_Adr();
        if(++tcon>300)
        {
            tcon=0;
            LED=!LED;
        }
        delay_ms(2);
    }
}
```

（2）初始化函数设计。

```
// sysinit()
void sysinit()
{
    CLOCK_Config(SYS_CLOCK);      //系统时钟初始化
    GPIO_INIT();
    DataInit();
    if(CC1101_Init())LED=0;
    InitRc522();
    Alarm_IOinit();
    TIM4_Init();
    Pwm_Init();
    BLED_ZKB(200);
    ADC_IOConfig(3);
    UART_Init(SYS_CLOCK, 9600);   //串口初始化
    asm("rim");                   //开总中断
    delay_ms(100);
}
```

（3）发送从机地址函数设计。

```
void Send_Adr(void)
{
    static u8 kcon=0;
    _RF_Read Send_Buf;
    if(!key)
    {
        delay_ms(20);
        if(!key && ++kcon>80)
        {
            kcon=0;
            Send_Buf.adr=0xff;        //主机地址
            Send_Buf.event=0xad;
            Send_Buf.value=PUID_DAT;
            Send_Buf.value<<=24;
            halRfSendPacket((u8 *)&Send_Buf,RF_CNT);
            while(!key)
```

```
            {
                LED=!LED;
                delay_ms(50);
            }
        }
    }
    else kcon=0;
}
```

（4）设备输出控制函数设计。

主机发过来的 rf_send.event = 0x71 从机接收后在此解释。

```
void Device_Control(void)    //设备输出控制
{
    u16 Air_Dat;
    u8 *pdat,st_buf;
    if(RF_Sta.DatFlag==OK)
    {
        RF_Sta.DatFlag=ERR;
        st_buf=RF_Read.status;
        RF_Read.status&=0x7f;
        switch(RF_Read.event)    //设备选择
        {
            case 0x01:Set_Wled(&RF_Read);        //设备状态
                    break;
            case 0x02:Set_RGBled(&RF_Read);
                    break;
            case 0x03:
                    break;
            case 0x04:
                    break;
            case 0x05:Set_Ice_Box(&RF_Read);
                    break;
            case 0x06:Set_Fan(&RF_Read);
                    break;
            case 0x07:
                    break;
            case 0x08:Curtain_Control(&RF_Read);        //窗帘控制
                    break;
            case 0x09:
                    break;
            case 0x10:
                    Air_Dat=Get_ADC_Data(3);    //获取烟雾传感器 AD 值
                    if(Air_Dat)
                    {
                        RF_Read.value=(((Air_Dat<<8)&0XFF00)|((Air_Dat>>8)&0X00FF));
                    }
                    else RF_Read.value=0;
```

```
            if(read_TRH(&DHT11))          //读取温度
            {
                RF_Read.value|=((((unsigned long)DHT11.RH_data)<<24)|
                        (((unsigned long)DHT11.TH_data)<<16));//


            }
            else RF_Read.value&=0x0000ffff;
        break;
case 0x11:
        break;
case 0x12:
        break;
case 0x55:
            if(RF_Read.status==0x04)       //查询状态
            {
                RF_Read.status=Device.Sta&0x08;
                RF_Read.value=0;
            }
            else
            {
                ctcon=0;                   //清零计数
                pdat=alarm_check();        //防盗
                if(pdat!=NULL)
                {
                    RF_Read.value=*pdat;
                    *pdat=0;
                }
                else RF_Read.value=0;
            }
            delay_ms(2);
        break;
case 0xaa:Set_RGBled(&RF_Read);
        break;
case 0x71:
        CLOSE_INTERRUPT;                   //关总中断
        switch(RF_Read.status)
        {
            case 0x55:                     //门禁模式

                    IC_CARD.mode=Access;

                    if(Read_IC_Card_ID((u8 *)&IC_CARD.id)==MI_OK)
                            //读卡，获取卡号
                    {
                        LED=!LED;
                        RF_Read.value=IC_CARD.id;
```

```
                    }
                break;
            case 0x56:    //充值
                    IC_CARD.mode=Recharge;
                    IC_CARD.money=RF_Read.value;
                break;
            case 0x57:    //扣款
                    IC_CARD.mode=Deductions;
                    IC_CARD.money=RF_Read.value;
                break;

            }
            OPEN_INTERRUPT;    //开总中断
                break;
    case 0xfe: if(RF_Read.status==0x01)
                {
                    Open_Curtain();
                }
                else if(RF_Read.status==0x02)
                {
                    Close_Curtain();
                }

                break;
    default:
                break;
        }

        if(!(st_buf & 0x80) &&   RF_Read.adr)   //RF_Read.status 最高位必须为 0 才回复主机
        {
          RF_Read.adr=0xff;    //主机地址
          RF_Read.status |= 0x80;        //成功执行标志
          halRfSendPacket((u8 *)&RF_Read,RF_CNT);
        }
    }
}
```

6.5　项目运行调试

安装好 ST-Link 驱动，参考第 1 章新建工程。

通过 ST-Link 对主控板及节点分别下载程序，请参考第 1 章。

主机界面如图 6-9 所示。

图 6-9　主机界面

长按节点黑色按键，节点 433 模块发送该节点地址。主机收到从机地址后界面如图 6-10 所示。

图 6-10　主机接收从机地址

触发门禁刷卡节点传感器时按主机屏上的 BUTTON，主机屏显示如图 6-11 所示。

图 6-11　主机屏显示

门禁刷卡（IC）节点硬件如图 6-12 所示，刷卡时卡片放置如图 6-13 所示。

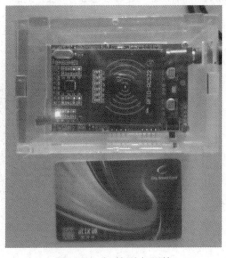

图 6-12　门禁刷卡硬件

图 6-13　门禁刷卡

本章小结

　　本章主要讲述智能家居——门禁控制应用方面的内容，分别从知识背景、项目需求、项目设计、项目实施、项目运行调试等角度展开阐述，注重培养结合相应硬件进行上机建立智能家居——门禁控制应用程序并调试的能力，以任务方式引出相关知识点，便于快速掌握相关知识。

第7章　智能家居——消费控制应用

7.1　知识背景

随着蓝牙技术的发展，人们越来越倾向于摆脱有线设备的束缚，但是受体积影响，唯独打印机没有什么很好的解决方式。消费者对于这一点的诉求越来越大。蓝牙打印机顺势而起，便携的无线打印方式得到消费者的强烈喜爱。便携蓝牙热敏打印机具有外观小巧、功能齐全、性能稳定、兼容性好等特点，是抄表岗位和物流、金融、邮政等行业的首选。

手机 APP 通过蓝牙连接到热敏打印机节点上进行消费控制。打印机实物如图 7-1 所示，打印出的小票如图 7-2 所示。

图 7-1　打印机实物图

图 7-2　打印小票图

7.1.1　热敏打印机原理

热敏打印机的原理是用加热的方式使涂在打印纸上的热敏介质变色。热敏微型打印机也是比较常见的微型打印机，但比针式微型打印机出来得晚。热敏打印机打印速度快，噪音小，打印头很少出现机械损耗，并且不需要色带，免去了更换色带的麻烦。但它也有缺点，因为其使用的是热敏纸，所以不能无限期保存，在避光的条件下可以保存一年到五年，也有长效热敏纸可以保存十年。

7.1.2　打印头工作原理

1.　打印头型号

富士通 FTP-628热敏打印头实物如图 7-3 所示，打印头接口说明如表 7-1 所示。

图 7-3　热敏打印头实物图

表 7-1　打印头接口说明

序号	符号	信号	序号	符号	信号
1	PHK	传感器（光电通断型）阴极	16	TM	热敏电阻输入
2	VSEN	传感器（光电通断型）电源	17	TM	
3	PHE	传感器（光电通断型）发射极	18	STB3	热敏头供电控制信号
4	N.C	无连接	19	STB2	
5	N.C		20	STB1	
6	VH	打印头驱动电源	21	GND	地
7	VH		22	GND	
8	DI	数据输入	23	LAT	数据锁存
9	CLK	串行输入时钟	24	DO	数据输出
10	GND	地	25	VH	打印头驱动电源
11	GND		26	VH	
12	STB6	热敏头供电控制信号	27	MT/A	步进电机相序输入
13	STB5		28	MT/	
14	STB4		29	MT/B	
15	Vdd	逻辑电源	30	MT/	

2.　打印头技术参数

打印方式：行式热敏

打印宽度：48mm

打印纸宽度：58mm

点密度：384 点/行

打印速度：40～80mm/s

打印头温度侦测：热敏电阻

缺纸侦测：红外反射光传感器

打印头加热器工作电压（DCV）：3.13～8.5，典型值为 7.4

逻辑工作电压（DCV）：2.7～5.25，典型值为 5

步进电机工作电压（DCV）：3.5～8.5，典型值为 5

工作温度：+0℃～50℃（不许有凝露）

工作湿度：20%～85%RH（不许有凝露）

胶辊开合次数：大于 5000 次

工作寿命：机构与打印头的耐磨>50km，打印头的电机寿命为 10^8 个脉冲

重量（克）：40.7

3. 打印头工作原理

将一行 384 个点对应的数据按顺序输入，控制加热信号 STB1、STB2、STB3、STB4、STB5、STB6，加热打印头，写入的数据中，对应二进制位为 1 的点就会加热成黑点，对应二进制数据为 0 的位则不会变色；与此同时，输入步进电机激励相序信号，转动一步（加热和步进电机转动同时进行）；紧接着输入第二行点的数据，依次循环 24 次（24*24 字体），完成一整行字符打印。其内部电路结构如图 7-4 所示。

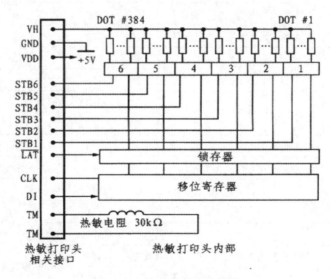

图 7-4 打印头内部电路结构

注意：①每一行数据需要输入 384bits/8=48bytes，如果打印数据不满一行（即少于 48 个字节），则需要填补 0；②由于打印加热时需要的电流较大，建议打印一行分成两次加热，即先控制 STB1、2、3 加热打印左边数据，再控制 STB4、5、6 加热打印右边数据；③停止打印的时候，一定要将步进电机接口关闭，使其线圈没有电流，否则电机会一直发烫；④打印头加

热时间要把握好，不能太短也不能太长，一般 800μs 就可以；停止打印或者缺纸的时候，一定要将打印头加热控制线全部拉低，否则，打印头一直加热，会降低打印头寿命，甚至烧坏。

4. 打印头驱动时序

打印头驱动时序如图 7-5 所示，机芯时序特性如表 7-2 所示。

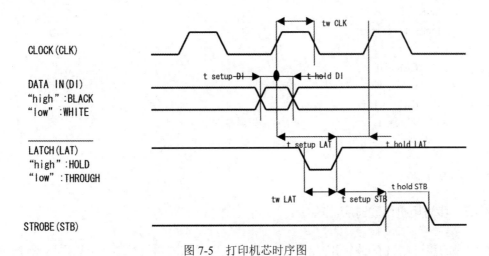

图 7-5　打印机芯时序图

表 7-2　机芯时序特性

参数	标号	速度			单位	条件
		最小	典型	最大		
时钟宽度	TwCLK	30	—	—	ns	
数据建立时间	TsetupDI	30	—	—	ns	
数据保持时间	TholdDI	30	—	—	ns	
锁存脉冲宽度	TwLAT	100	—	—	ns	3V<VDD<5.25V
锁存建立时间	TsetupLAT	100	—	—	ns	
锁存保持时间	TholdLAT	50	—	—	ns	
加热建立时间	TsetupSTB	300	—	—	ns	
加热保持时间	TholdSTB	600	800	1000	μs	VH=7.4V

驱动代码如下：

```
/*************************************************************
* Function:      void WriteData_8bit(u8 dat)
* Description:   打印头底层时序，写入 8bit 数据至打印头
* Calls:
* Called By:
* Input:         dat（写入的值）
* Output:
* Return :
```

```
* Others:
******************************************************************/
void write_data_8bit(u8 dat)
{
    u8 i;
    CLK = 1;
    for(i=0; i<8; i++)
    {
        CLK = 0;
        DIN = dat >> 7;          //先发高位
        dat <<= 1;
        CLK = 1;                 //上升沿发送数据
        delay_us(1);             //延时一 μs，等待数据发送完成
    }
}
```

7.1.3　步进电机驱动时序

打印头的步进电机有四个引脚，分别连接至电机内部的两组线圈；可以采用 8 拍驱动方式，也可以采用 4 拍驱动方式，驱动时序如图 7-6 所示。

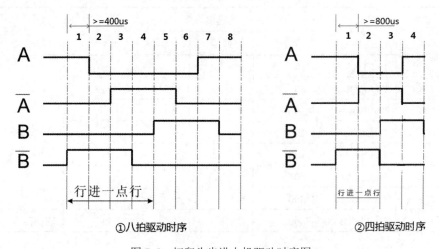

图 7-6　打印头步进电机驱动时序图

7.1.4　缺纸侦测

JFTP-628 机芯采用一个反射性光电通断侦测传感器，此光电侦测传感器的主要作用如下：
（1）缺纸侦测。
（2）可以通过打印纸上的标志对打印纸进行定位。

当缺纸时，光电侦测传感器发出的光无法被反射，输出高电平。当纸张正常时，光电侦测传感器发出的光被反射，由接收管接收，输出低电平。硬件连接如图 7-7 所示。

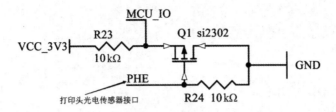

图 7-7　打印头缺纸传感器硬件连接图

7.1.5　热敏电阻

打印头内部设有一个热敏电阻，通过监测热敏电阻的阻值，可以实现打印头过热保护功能。阻值与温度的对应关系如表 7-3 所示。

表 7-3　热敏电阻温度表

温度/℃	阻值/kΩ	温度/℃	阻值/kΩ	温度/℃	阻值/kΩ
-20	269	15	47.1	50	10.8
-15	208	20	37.5	55	8.91
-10	178	25	30	60	7.41
-5	124	30	24.2	65	6.2
0	100	35	19.6	70	5.21
5	78	40	15.9	75	4.4
10	60	45	13.1		

7.1.6　M32 采用 SW 模式下载程序的方法

1. 硬件连接

由于打印机 PCB 面积较小，无法布局一个 JTAG 接口，所以打印机下载接口只引出了 SW 模式所需的接口，这样就只需要用到 JTAG 接口中的 4 根线就可以了，硬件连接如图 7-8 所示。

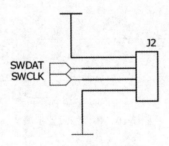

图 7-8　打印机下载调试接口

2. 编译器配置

编译器设置很简单，如图 7-9 和图 7-10 所示。

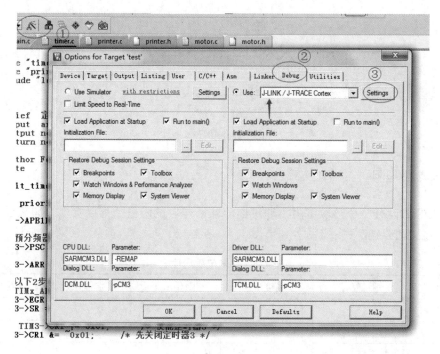

图 7-9　编译器设置步骤 1

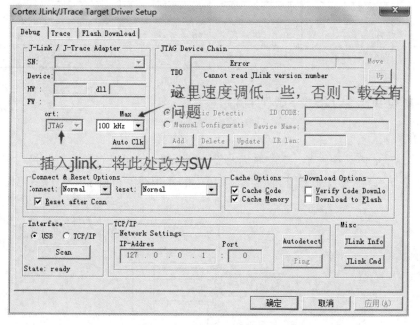

图 7-10　编译器设置步骤 2

7.1.7　字库的原理与应用

1. ASCII 码简介

ASCII 是 American Standard Code for Information Interchange（美国信息交换标准码）的缩

写。ASCII 码是单字节编码，有 256 个码位。但是最早的计算机系统中，ASCII 码的最高一位用来作纸带机、打孔机的校验位，所以码位只有 128 个。ASCII 码的编码规则为：

- 00～1F：控制字符。
- 20～7E：可视字符。
- 7F：字符“ ”。
- 80～FF：英文操作系统中，利用这些码位放一些不常用的字符和制表符。

2. GB2312 汉字编码字符集简介

GB-2312 码是中华人民共和国国家标准汉字信息交换用编码，全称《信息交换用汉字编码字符集基本集》，标准号为 GB 2312－80（GB 是“国标”二字的汉语拼音缩写），由中华人民共和国国家标准总局发布，1981 年 5 月 1 日实施。习惯上称国标码、GB 码或“区位码”。它是一个简化汉字的编码，通行于中国大陆地区。新加坡等地也使用这一编码。GB 2312－80 收录简化汉字及一般符号、序号、数字、拉丁字母、日文假名、希腊字母、俄文字母、汉语拼音符号、汉语注音字母，共 7445 个图形字符。其中汉字以外的图形字符 682 个，汉字 6763 个。GB 2312－80 规定：“对任意一个图形字符都采用两个字节（Byte）表示；每个字节均采用 GB 1988－80 及 GB 2311－80 中的七位编码表示。两个字节中前面的字节为第一字节，后面的字节为第二字节。”习惯上称第一字节为“高字节”，第二字节为“低字节”。

GB 2312－80 将代码表分为 94 个区（Section），对应第一字节；每个区 94 个位（Position），对应第二字节。两个字节的值分别为区号值和位号值。GB 2312－80 规定，01～09 区（原规定为 1～9 区，为表示区位码方便起见，今改称 01～09 区）为符号、数字区，16～87 区为汉字区。而 10～15 区、88～94 区是有待于进一步标准化的空白位置区域。GB 2312－80 把收录的汉字分成两级。第一级汉字是常用汉字，计 3755 个，置于 16～55 区，按汉语拼音字母/笔形顺序排列；第二级汉字是次常用汉字，计 3008 个，置于 56～87 区，按部首/笔画顺序排列。字音以普通话审音委员会发表的《普通话异读词三次审音总表初稿》（1963 年出版）为准，字形以中华人民共和国文化部、中国文字改革委员会公布的《印刷通用汉字字形表》（1964 年出版）为准。

本章程序里面写的中文字符串都是以汉字内码存储的，一个汉字占用 2 个字节，这里的内码实际上就是上面所说的 2 个字节的区位码，如图 7-11 所示。

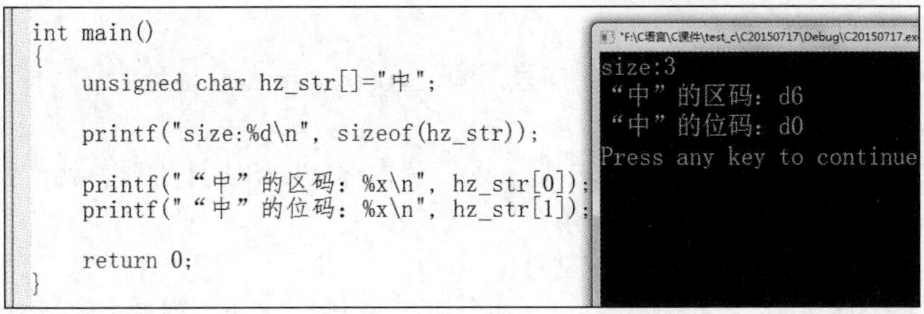

图 7-11　汉字字符串

3. 字库的创建与应用

（1）创建字库。

中文字库其实就是所有中文的取模数据；按照 GB2312 的编码顺序，一个一个文字取模。

创建一个任意字体大小的字库文件很简单，网上有很多字库生成工具可以下载，如图 7-12 所示，直接单击“生成”按钮，就可以生成一个 16*16 的中文字库。

字库生成器
预览
里
C0:EF
调整
左右 0
上下 0
字体
选择字体 16
宋体
简体中文(GB2312)
编码区间
起始 A1 终止 F7 (GB2312区间)
修改转换区间
生成
设置
关于
就绪

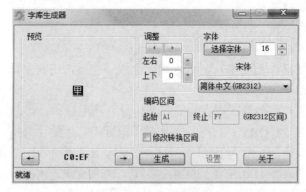

图 7-12 字库生成软件

（2）计算某个汉字的取模数据在字库里面的偏移地址，如图 7-13 所示。

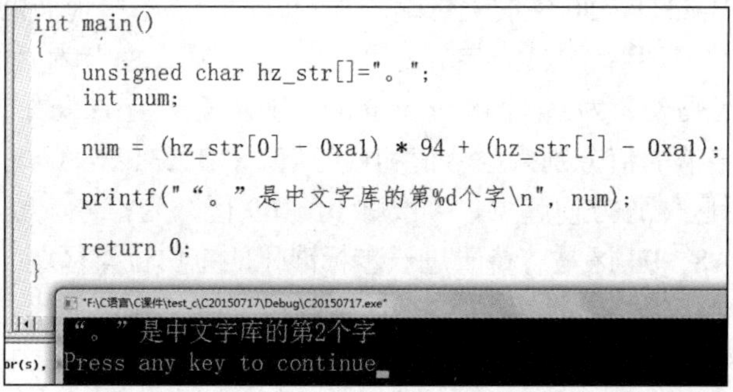

int main()
{
unsigned char hz_str[]="。";
int num;
num = (hz_str[0] - 0xa1) * 94 + (hz_str[1] - 0xa1);
printf("“。”是中文字库的第%d个字\n", num);
return 0;
}
"F:\C语言\C课件\test_c\C20150717\Debug\C20150717.exe"
“。”是中文字库的第2个字
Press any key to continue

图 7-13 计算一个文字在字库中的位置

1）计算出该文字在整个字库里面是第几个字；根据汉字编码原理我们知道，总共分了 94 个区，区号是从 0XA1 开始的；每个区有 94 个位，位号也是从 0XA1 开始的。

(区号-0XA1)*94 + (位号-0XA1) = 该文字在整个字库里面的位置

2）根据字库生成时设置的字体大小找到该文字的偏移地址（以 16*16 的字体为例，一个汉字的取模就是 32byte）：

该文字在整个字库里面的位置* 32 = 偏移地址

4. 字库文件的烧录方法

字库文件的大小一般都是几百 KB 以上，芯片内部 FLASH 不够时，就需要烧录到外部 FLASH 里面。有以下两种方法可以烧录：

（1）使用专用烧录器，下载字库文件。

缺点：要把 FLASH 芯片拆下来，烧录完成后再焊接上去，如果有问题还得反复拆卸 FLASH 芯片，调试很麻烦。

优点：批量生产时，用烧录器批量烧录，可以大大提高工作效率。

（2）利用板子上本身的主控芯片来烧录字库，在调试阶段或者小批量生产时，非常方便。

下面我们详细介绍使用 STM32F10X 芯片串口烧录字库的方法。

　　软件设计思想如下：串口接收程序里面设置一个双缓存，也就是定义两个 256 个元素的数组；串口配置为中断方式接收，接收了 256 个字节后接着存入下一个缓存区；两个缓存区轮流存储，一个存满，下次就存入另外一个缓存区。发送完一个文件，还要发送一个 0xfafaffff 作为结束标志。主函数里面，一旦检测到某个缓存区存满了，就将数据写入 FLASH，使用页写功能，可以很快速地将 256byte 数据写入 FLASH。实际代码里面设置了一个 2 个元素的结构体数组来作数据缓存区，具体代码如下：

```
#define RECEIVE_FINISH          0XFAFAFFFF   //结束标志
typedef struct
{
    vu16 uart_rev_len;      //接收长度
    vu8 data_buf[256];      //数据缓存区
}TYP_UART_FONT;
TYP_UART_FONT font_buffer[2];   //缓存区


/*************************************************************
* Function:        void USART1_IRQHandler()
* Description:     串口接收中断服务函数
* Calls:
* Called By:
* Input：
* Output：
* Return：
* Others：         PC 端发送完一个文件后还需要发送 0xfafaffff 作为传输结束标志
*************************************************************/
void USART1_IRQHandler()
{
    static u32 rev_cnt = 0;
    static u32 rev_finish_flag = 0;
    static u8 group = 0;
    u8 ch;

    /* 串口接收中断 */
    if (USART1->SR & (1 << 5))
    {
        USART1->SR &= ~(1 << 5);
        ch = USART1->DR;
        rev_finish_flag <<= 8;
        rev_finish_flag |= ch;

        if (rev_finish_flag == RECEIVE_FINISH)
```

```
            {
                /* 保存接收到的数据长度 */
                font_buffer[group].uart_rev_len = rev_cnt;

                /* 接收计数变量清零，为新一轮接收做准备 */
                rev_cnt = 0;

                uart1_printf("data reception finished.\n");
            }
            else
            {
                font_buffer[group].data_buf[rev_cnt] = ch;

                /* 接收计数变量+1，为接收下一个字节做准备 */
                rev_cnt++;

                if (rev_cnt == 256)
                {
                    font_buffer[group].uart_rev_len = rev_cnt;
                    group = !group;
                    rev_cnt = 0;
                }
            }
        }
        else
        {
            /* …… */
        }
    }
/*************************************************************
* Function：      void updata_font()
* Description：    字体更新函数
* Calls：
* Called By：
* Input：
* Output：
* Return：
* Others：        PC 端发送完文件后还需要发送 0xfafaffff 作为传输结束标志
*************************************************************/
void updata_font()
{
```

```
u8 group = 0;
u32 write_addr = 0;
LED1 = 0;
uart1_printf("flash init ok!\n");
spi_flah_erase_chip();
uart1_printf("flash erase ok!\n");

while (1)
{
    if (font_buffer[group].uart_rev_len)
    {
        spi_flash_write_nocheck((u8*)font_buffer[group].data_buf, write_addr,
                    font_buffer[group].uart_rev_len);
        uart1_printf("write page:%-6d ok\n",write_addr);
        write_addr += font_buffer[group].uart_rev_len;
        font_buffer[group].uart_rev_len = 0;
        group = !group;
    }

    if (key_scan() == 1)
    {
        break;
    }
}
}
```

7.1.8　蓝牙模块 HC-05

1. HC-05 蓝牙模块介绍
蓝牙模块硬件如图 7-14 所示。

（a）正面

（b）背面

图 7-14　蓝牙模块硬件图

2. HC-05 蓝牙模块引脚介绍

蓝牙模块引脚说明如表 7-4 所示。

表 7-4　蓝牙模块引脚说明

序号	名称	说明
1	STA	状态指示
2	RXD	串口接收脚
3	TXD	串口发送脚
4	GND	GND
5	VCC	电源 3.3V～6.0V
6	EN	按键控制

3. 模块电气特性参数

模块电气特性参数如表 7-5 所示。

表 7-5　模块电气特性参数

项目	
接口特性	TTL，兼容 3.3V/5V 单片机系统
支持比特率	4800、9600（默认）、19200、38400、57600、115200、230400、460800、921600、1382400
其他特性	主从一体，指令切换，默认为从机。带状态指示灯，带配对状态输出
通信距离	10 米（空旷地），一般在 10～20 米之间无问题
工作温度	-25℃～75℃
工作电压	DC3.6V～6.0V
工作电流	配对中：30～40mA；配对完毕未通信：1～8mA；通信中：5～20mA

说明：模块既可实现 AT 指令来设置和查询相关参数，也可实现串口数据透传。所以，模块有两种模式：AT 指令模式、串口透传通信模式。两种模式通信波特率可能不一样。

模块自带了一个状态指示灯：STA。该灯有以下 3 种状态：

（1）在模块上电的同时（也可以是之前），将 KEY 设置为高电平（接 VCC），此时 STA 慢闪（1 秒亮 1 次），模块进入 AT 状态，且此时波特率固定为 38400。

（2）在模块上电的时候，将 KEY 悬空或接 GND，此时 STA 快闪（1 秒 2 次），表示模块进入可配对状态。如果此时将 KEY 再拉高，模块也会进入 AT 状态，但是 STA 依旧保持快闪。

（3）模块配对成功，此时 STA 双闪（一次闪 2 下，2 秒闪一次）。

有了 STA 指示灯，我们就可以很方便的判断模块的当前状态，方便大家使用。

4. 模块使用——AT 指令集

（1）AT 指令。

HC05 蓝牙串口模块的所有功能都是通过 AT 指令集控制，本章仅介绍用户常用的几个 AT

指令，详细的指令集请参考"HC05 蓝牙模块指令集"相关文档。

（2）进入 AT 状态。

模块上电后，通过将 KEY 接 VCC（即按下按键），模块即进入 AT 状态，进入 AT 状态后，模块波特率和通信波特率一致。

（3）AT 指令结构。

AT 指令结构如表 7-6 所示。

表 7-6　AT 指令结构

指令功能	指令格式	响应	参数
测试指令	AT	OK	无
模块复位	AT+RESET	OK	无
获取软件版本号	AT+VERSION?	+VERSION：<Param> OK	软件版本号
回复默认	AT+ORGL	OK	无
设置设备名称	AT+NAME="xyd"	OK 或者 FAIL	1．OK——成功 2．FAIL——失败
查询/设置模块角色	AT+ROLE? AT+ROLE=参数	0 或者 1	1．0——从设备 2．1——主设备 3．2——回还设备
查询/设置模块配对码	AT+PSWD? AT+PSWD=参数	<配对码> OK	参考手册
查询/设置模块波特率	AT+UART? AT+UART=参数 1,2,3	模块当前波特率 3 个参数	参考手册

模块硬件的连接：模块与单片机连接最少只需要 4 根线即可：VCC、GND、TXD、RXD，VCC 和 GND 用于给模块供电，模块 TXD 和 RXD 则连接单片机的 RXD 和 TXD。本模块兼容 5V 和 3.3V 单片机系统，所以可以很方便地连接到系统里面去。

7.2　项目需求

硬件准备：

（1）12V、2A 电源（不能用 1A，电流过小不够驱动加热头）。

（2）打印头型号：富士通 FTP-628。

（3）节点主控：STM32F103C8。

（4）热敏打印纸。

（5）驱动板。

7.3 项目设计

7.3.1 硬件设计

电源 1 供打印机加热头，电路图如图 7-15 所示。

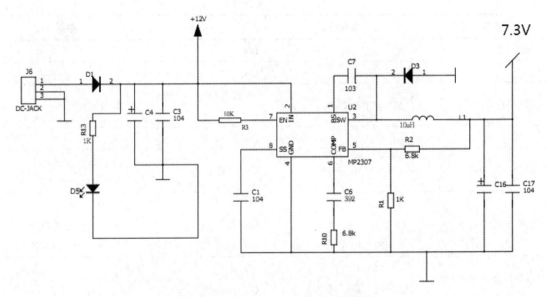

图 7-15　电源 1 供打印机加热头电路图

电源 2 供给打印机逻辑模块及电机驱动芯片，电路图如图 7-16 所示。

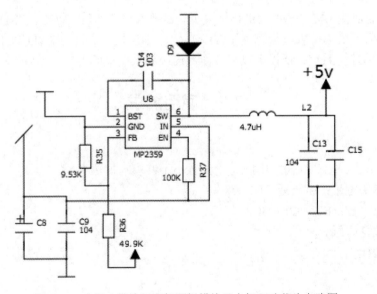

图 7-16　电源 2 供给打印机逻辑模块及电机驱动芯片电路图

电源 3 供给 M3 主控、FLASH、蓝牙模块，电路图如图 7-17 所示。

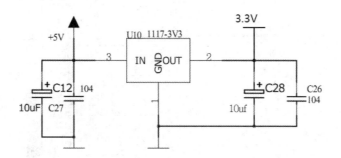

图 7-17　电源 3 供给 M3 主控、FLASH、蓝牙模块

主控芯片如图 7-18 所示。

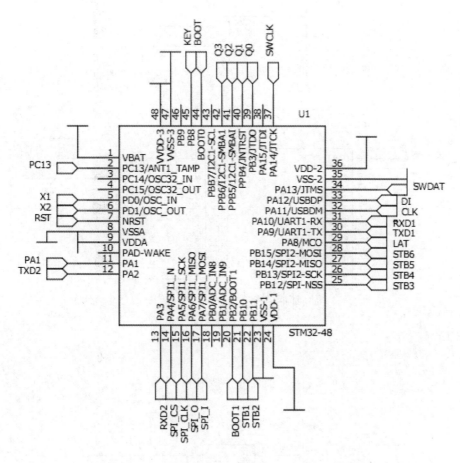

图 7-18　主控芯片

打印头如图 7-19 所示，蓝牙模块如图 7-20 所示，FLASH 存储模块（用于存储字库）如图 7-21 所示。

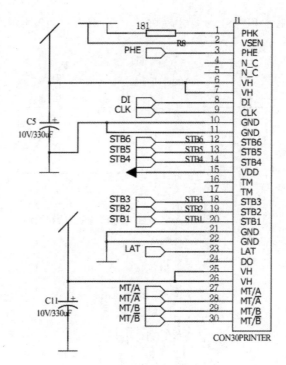

图 7-19 打印头

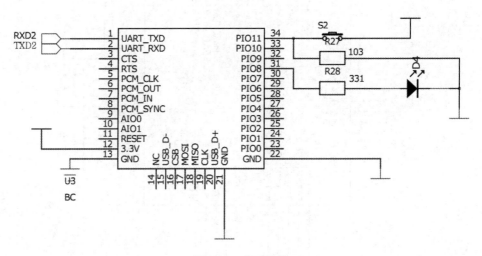

图 7-20 蓝牙模块

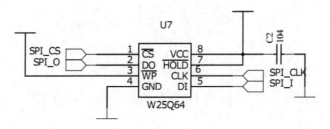

图 7-21 FLASH 存储模块

步进电机驱动模块如图 7-22 所示。

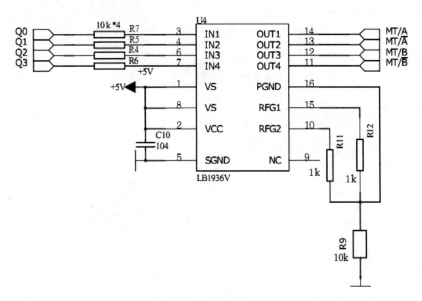

图 7-22　步进电机驱动模块

7.3.2　软件设计（蓝牙热敏打印机）

软件设计步骤如下：

（1）安装手机蓝牙 APP。

（2）长按蓝牙模块上按键，手机扫描搜索，配对成功。

（3）手机上的每行一定要 32 字符或 16 个汉字或混写（程序规定，可修改程序）。

（4）如果要空行直接手机回车。

（5）最后独立一行写[]后不能回车。

（6）[]结束标志（程序规定，可修改程序）。

（7）点击"发送"按钮，汉字或字符就传到打印机蓝牙模块上，M3 通过串口接收蓝牙模块上的数据。通过程序查找字库。再将对应字库中的字模取出，送给打印机打印。

```
int main()
{
    u32 t = 0;
    u16 rx_flg = 0;
    init_delay(72);
    init_motor_gpio();
    init_printer_gpio();
    usart2_init(36, 9600);          //串口 2 接蓝牙模块
    DMAx_Config(DMA1_Channel7,(u32)&USART2->DR,(u32)(uart_buffer.tx_buf));
    init_usart1(72, 115200);        //串口 1 烧录字库
    DMAx_Config(DMA1_Channel4, (u32)&USART1->DR, (u32)uart1_tx_buf);
    init_key();
    init_led();
```

```
init_timer3_int(1000-1,72-1);    //800μs 溢出一次
spi_flash_init();

if (spi_flash_read_id() != W25Q64)
{
    uart_printf("flash error!\n");

    while (1)
    {
        break;
    }
}

if (key_scan() == 1)
{
    updata_font();
}

uart_printf("The printer is ready.\n");

while (1)
{
    printer_updata();                    //打印机更新数据
    printer_updata_pic();

    if (uart_buffer.rx_len != rx_flg)        //防止重复执行这里
    {
        if (uart_buffer.rx_len > 0)          //收到数据
        {
            if ( uart_data_check((u8*)uart_buffer.rx_buf) )    //数据格式错误
            {
                uart_buffer.rx_len = 0;
                uart_printf("ERROR:format\r\n");
            }
            else
            {
                uart_printf("OK:printing ...\r\n");
                printer_status = PRINT_TEXT;
                print_updata_text_flg = 1;
                printer_updata();          //打印机更新数据
                TIM3->EGR = 1<<0;          //软件更新
                TIM3->SR = 0;              //清零状态标识
                TIM3->CR1 |= 0x01;
            }
        }
```

```
                    rx_flg = uart_buffer.rx_len;
            }

            if ((TIM3->CR1 & 1) == 0)
            {
                if (++t == 600000)
                {
                    t = 0;
                }

                LED1 = t<60000 ? 0 : 1;

                if (key_scan() == 1)
                {
                    strcpy((char*)uart_buffer.rx_buf, (char*)test_str);

                    if (uart_data_check((u8*)uart_buffer.rx_buf))    //数据格式错误
                    {
                        uart_buffer.rx_len = 0;
                        uart_printf("ERROR:format\r\n");
                    }
                    else
                    {
                        uart_printf("OK:printing ...\r\n");
                        printer_status = PRINT_TEXT;
                        print_updata_text_flg = 1;
                        printer_updata();              //打印机更新数据
                        TIM3->EGR = 1<<0;              //软件更新
                        TIM3->SR = 0;                  //清零状态标识
                        TIM3->CR1 |= 0x01;
                    }
                }
            }
        }  //end while(1)
    }
```

打印性能：

（1）安卓手机蓝牙打印。

（2）高速打印（打印速度高达 80mm/s）。

（3）高清晰度打印（8 点/mm），每行 384 个点。

（4）可打印内容：汉字（支持 GB2312 所有汉字）、字符集、ASCII 字符、条码和二维码等图形。

（5）采用 12V、2A 电源供电。

功能使用：

（1）烧录字库：断电状态下，按下按键再通电，进入烧录字库功能模式，此时可通过串口烧录字库文件，烧录完成，再按下按键，则进入正常工作模式。

（2）蓝牙的配对及打印：通电开机后，可通过手机搜寻到打印机设备，配对密码：1234；完成配对后，可以直接通过手机发字符给打印机打印。

（3）正常开机状态下，按下按键，会打印一个超市小票的信息，以测试打印机。

（4）打印机空闲的时候，LED1 慢闪，正在打印的时候，LED1 快速闪烁；未配对时，LED2 快闪，配对成功后，LED2 慢闪。

7.4　项目实施

7.4.1　硬件环境部署

硬件环境部署步骤如下：

（1）调试热敏打印机：加热、走纸的配合。

（2）添加字库。

（3）按下按键，LED 动态显示。

（4）添加蓝牙。

（5）连接并配置 JTAG、SWD、串口 ISP。

（6）上 12V、2A 电源。

7.4.2　主控端项目文件建立、配置及程序编写

主机消费控制，新建工程参考 1.3.1 节。

在 keil 软件工程中加入如图 7-23 所示的.c 文件及其对应的.h 文件。

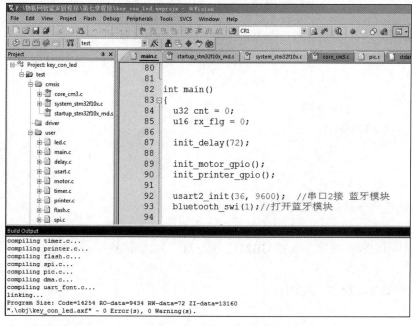

图 7-23　加入.c 和.h 文件

主控端部分相关源文件，请参考路径：……\第 7 章\第 7 章智能家居节点之消费控制分析\参考资料\代码\6M3_printer_v1.2。

7.5　项目运行调试

SW 方式下载。由于打印机 PCB 面积较小，无法布局一个 JTAG 接口，所以打印机下载接口只引出了 SW 模式所需的接口 VCC，SWDIO，SWCLK，GND，这样就只需要用到 JTAG 接口其中的 4 根线。只有 4 个引脚的叫 SW 方式下载，与有 20 个引脚 JTAG 连接方式如图 7-24 所示。

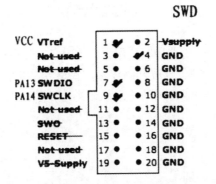

图 7-24　4 个引脚与 JTAG 接口上对应的位相连接

安装蓝牙 APP 软件，图标如图 7-25 所示。

2_c6ac2a2b5cc3ec617c715e7196bc9c...

图 7-25　蓝牙 APP 图标

软件路径：……\第 7 章\第 7 章智能家居节点之消费控制分析\参考资料\Android APP。界面 1 如图 7-26 所示，界面 2 如图 7-27 所示。

图 7-26　界面 1

图 7-27　界面 2

点 Send，打印小票如图 7-28 所示。

图 7-28   打印小票

本章小结

　　本章主要讲述智能家居——消费控制应用方面的内容，分别从知识背景、项目需求、项目设计、项目实施、项目运行调试等角度展开阐述，注重培养结合相应硬件进行上机建立智能家居——消费控制应用程序并调试的能力，以任务方式引出相关知识点，便于快速掌握相关知识。

第8章 智能家居——移动端应用

8.1 知识背景

智能家居移动端应用主要组成部分：移动端（Android 手机）、无线网卡（Wi-Fi 模块）、智能家居 M 系列主控（STM32、uc/os、GUI）、无线模块 433M、从机节点。

手机 APP 如图 8-1 所示。

图 8-1 手机 APP 图标

安装之后界面如图 8-2 所示。

图 8-2 安装后界面

8.1.1 USR-Wi-Fi232 模组简介

USR-Wi-Fi232 模组硬件上集成了 MAC，基频芯片，射频收发单元以及功率放大器；内置嵌入式的固件支持 Wi-Fi 协议及配置，以及组网的 TCP/IP 协议栈。Wi-Fi 模块实物如图 8-3 所示。本系列产品用于实现串口到数据包的双向透明转发，模块自动完成内部协议转换，为用户提供了一种将物理设备连接到 Wi-Fi 无线网络上，并提供 UART 数据传输接口的解决方案。通过该模组，传统的低端串口设备或 MCU 控制的设备可以很方便的接入 Wi-Fi 无线网络，从而实现物联网网络控制与管理。通过简单设置即可指定工作细节，设置可以通过模块内部的网页进行，也可以通过串口使用 AT 指令进行，一次设置永久保存。

模块硬件信息如表 8-1 所示。

USR-Wi-Fi232-T

图 8-3　Wi-Fi 模块实物图

表 8-1　USR-Wi-Fi232-T 引脚定义

管脚	描述	网络名	信号类型	说明
1	Ground	GND	POWER	
2	+3.3V 电源	DVDD	POWER	3.3V、250mA
3	恢复出厂配置	nReload	I	低电平有效，可配置成 SmartLink 脚，必须接上拉电阻
4	模组复位	nReset	I	低电平有效，必须接上拉电阻
5	串口接收	UART_RX	I	不用悬空
6	串口发送	UART_TX	O	不用悬空
7	模块电源软开发	PWM_SW	I	高电平有效，此功能本模块暂时没有
8	PWM/WPS	PWM_3	IO	默认 WPS 功能，可配成 PWM/GPIO18
9	PWM/nReady	PWM_2	IO	默认 nReady 功能，可配成 PWM/GPIO12
10	PWM/nLink	PWM_1	IO	默认 nLink 功能，可配成 PWM/GPIO11

模块共有三种工作模式：透传模式、命令模式、PWM/GPIO 模式。

● 透传模式：在该模式下，模块实现串口与网络之间透明传输，实现通用串口设备与网络设备之间的数据传递。

● 命令模式：在该模式下，用户可通过 AT 命令对模块进行串口及网络参数查询与设置。

● PWM/GPIO 模式：在该模式下，用户可通过网络命令实现对 PWM/GPIO 的控制。

Wi-Fi 协议（本章智能家居系统）如下：

```
struct mes_send
{
    unsigned char ID;              //物品 ID
    unsigned char label;           //物品编号，当查询个数时，该值为数量
    unsigned char status;          //物品状态
    unsigned char flag;            //标志位，判断是否成功
    int value;                     //传值
    int event;                     //事件编号
};
```

ID：物品的 ID 号，用来识别元器件，例如灯。

Label：当识别物品的 ID 号后，给物品添加编号。

例如：只有一盏灯时，灯编号为 1；当超过一盏灯后，编号 0x02、0x03 依次增加。

status：物品状态，例如灯开和灯关。

flag：标志位，判断是否操作成功。

value：传递的值，设置灯亮度百分比之类的。

event：事件编号，例如，编号 1，灯开。

物品 ID：

灯：0x01 闹钟：0x02 空调：0x03

电视：0x04 电冰箱：0x05 电风扇：0x06

窗帘：0x07 洗衣机：0x08 温湿度系统：0x09

门：0x10 总开关：0x11 其他：无

物品状态 status：灯、闹钟、空调、电视、电冰箱、电风扇、洗衣机、门、总开关全部以 0x01 表示开，0x02 表示关。

标志位：所有操作以 0x01 表示成功，0x00 表示失败。

事件编号：

灯、闹钟、电视、空调、电冰箱、电风扇、洗衣机、门、总开关：

0x01：开灯

0x02：关灯

0x03：设置 PWM 值

0x04：查询状态

0x05：查询个数，此时 label 为个数

电视：

0x03：设置音量

0x04：查询状态

0x05：换上一个台

0x06：换下一个台

0x07：频道跳转

空调：

0x03：设置温度值

0x04：查询状态

电冰箱：

0x03：设置温度值

0x04：查询状态

风扇：

0x03：设置风速

0x04：查询状态

0x05：摇摆

0x06：关闭摇摆

窗帘：

0x03：设置窗帘大小

8.1.2 μC/OS-II 简介

μC/OS-II 由 Micrium 公司提供，是一个可移植、可固化、可裁剪的占先式多任务实时内核，它适用于多种微处理器、微控制器和数字处理芯片（已经移植到超过 100 种以上的微处理器应用中）。同时，该系统源代码开放、整洁、一致、注释详尽，适合系统开发。μC/OS-II 已经通过联邦航空局（FAA）商用航行器认证，符合航空无线电技术委员会（RTCA）DO-178B 标准。

8.1.3 智能家居通信协议

1. 数据帧格式

```
typedef struct
{
    unsigned char    len;        //数据帧长度
    unsigned char    adr;        //地址
    unsigned char    event;      //设备编号
    unsigned char    func;       //功能
    unsigned int     value;      //数据
    unsigned int     crc;        //校验
}_RF_send;
```

len	adr	event	func	value	crc
1byte	1byte	1byte	1byte	4bytes	4bytes

数据帧总长度 12 个字节，采用十六进制数表示，其含义如下：

len：数据帧长度，表示整个帧数据的长度（不含 len 本身）。

adr：节点地址，每一个节点都有唯一的地址，同一时刻主机只能与一个节点进行通讯。节点广播地址为 0x00，主机地址固定为 0xff。

event：设备编号，每一个节点的设备都有对应的编号。

func：设备功能，如开、关、调光。节点在收到主机命令并执行后会把 func 字节的最高位置 1，并返回整个数据包给主机。

vavlue：数据，如灯开 50%。

crc：校验和，前面所有字节的和。

2. 指令详解

设备编号（event）

设备	编号	设备	编号	设备	编号
白光 LED	0x01	风扇	0x07	防盗系统	0x55
RGB 灯	0x02	窗帘	0x08	彩灯	0xaa
闹钟	0x03	洗衣机	0x09	打印机	0x70
空调	0x04	传感器	0x10	IC 卡	0x71
电视	0x05	门	0x11	总开关	0xfe
冰箱	0x06				

注：当从机向主机发送自身地址时，编号固定为 0xad。地址数据在 value 的低 8 位。

3. 设备功能

通用控制（func）

功能	值
开	0x01
关	0x02
设置特定功能	0x03
查询设备状态	0x04
其他功能	大于 0x04

注：func 值最大不会超过 0x80。当从机返回数据给主机时会把最高位置为 1。

4. 节点指令详解

白光 LED 功能说明：开关 LED，调节亮度。

指令包格式（以开关为例）

len	adr	event	func	value	crc
1byte	1byte	1byte	1byte	4bytes	4bytes
0x0b	0xXX	0x01	0x01	0xRRGGBBWW	0xXXXXXXXX

value：低 8 位为 LED 的亮度（PWM）数据，值为 0～255，其他位填充 0 即可。通过改变该值可以改变 LED 的亮度。同时也可以用该值作开关用，如开灯时对应字节给 PWM 值，关灯时对应字节填充 0。

应答包格式

len	adr	event	func	value	crc
1byte	1byte	1byte	1byte	4bytes	4bytes
0x0b	0xXX	0x01	0x81	0xRRGGBBWW	0xXXXXXXXX

func：节点在收到主机命令并执行后会把 func 字节的最高位置 1 并返回整个数据包给主机。

注：主机在与节点通讯时，要注意主机和节点 MCU 的存储器大小端模式是否一致，如果不一致要做数据大小端转换（即高低字节互换）。

RGB 灯功能说明：开关 LED，调节亮度。

指令包格式（以开关为例）

len	adr	event	func	value	crc
1byte	1byte	1byte	1byte	4bytes	4bytes
0x0b	0xXX	0x02	0x01	0xRRGGBBWW	0xXXXXXXXX

value：RR、GG、BB 分别为 RLED、GLED、BLED 的亮度（PWM）数据，值为 0～255。通过改变该值可以可以改变 LED 的亮度。同时也可以用该值作开关用，如开灯时对应字节给

PWM 值，关灯时对应字节填充 0。

应答包格式

len	adr	event	func	value	crc
1byte	1byte	1byte	1byte	4bytes	4bytes
0x0b	0xXX	0x02	0x81	0xRRGGBBWW	0xXXXXXXXX

　　func：节点在收到主机命令并执行后会把 func 字节的最高位置 1 并返回整个数据包给主机。

　　窗帘功能说明：开关窗帘。

指令包格式（以开窗帘为例）

len	adr	event	func	value	crc
1byte	1byte	1byte	1byte	4bytes	4bytes
0x0b	0xXX	0x08	0x01	0xXXPPTTTT	0xXXXXXXXX

　　value 值：

　　PP：电机运行速度（PWM），值的范围为：0～255（建议使用 150～255）。

　　TTTT：窗帘行程大小值（节点用时间表示），值的范围为：0～65535，单位时间 2ms。

应答包格式

len	adr	event	func	value	crc
1byte	1byte	1byte	1byte	4bytes	4bytes
0x0b	0xXX	0x08	0x81	0xXXPPTTTT	0xXXXXXXXX

　　func：节点在收到主机命令并执行后会把 func 字节的最高位置 1 并返回整个数据包给主机。

　　温湿度和可燃气体传感器功能说明：获取温湿度数据、可燃气体传感器的值。

指令包格式

len	adr	event	func	value	crc
1byte	1byte	1byte	1byte	4bytes	4bytes
0x0b	0xXX	0x10	0x00	0x00000000	0xXXXXXXXX

应答包格式

len	adr	event	func	value	crc
1byte	1byte	1byte	1byte	4bytes	4bytes
0x0b	0xXX	0x08	0x80	0xTTRRAAAA	0xXXXXXXXX

　　func：节点在收到主机命令并执行后会把 func 字节的最高位置 1 并返回整个数据包给主机。

value：TT 为温度数据、RR 为湿度数据、AAAA 为可燃气体传感器的 AD 数据。

防盗传感器功能说明：获取防盗传感器被触发次数。

指令包格式

len	adr	event	func	value	crc
1byte	1byte	1byte	1byte	4bytes	4bytes
0x0b	0xXX	0x55	0x00	0x00000000	0xXXXXXXXX

应答包格式

len	adr	event	func	value	crc
1byte	1byte	1byte	1byte	4bytes	4bytes
0x0b	0xXX	0x55	0x80	0xXXXXXXCC	0xXXXXXXXX

func：节点在收到主机命令并执行后会把 func 字节的最高位置 1 并返回整个数据包给主机。

value：CC 为传感器被触发次数,没有触发返回 0。主机获取该值后可以根据其次数来触发警报（可调节灵敏度）。

IC 卡模块功能说明：获取 IC 卡号、充值、扣款。

指令包格式

len	adr	event	func	value	crc
1byte	1byte	1byte	1byte	4bytes	4bytes
0x0b	0xXX	0x71	0xXX	0x00000000	0xXXXXXXXX

func：

0x55 门禁模式，在此模式只能获取 IC 卡的卡号。

0x56 充值模式，在此模式可以向 IC 卡写入金额数据。Value 为金额数据。

0x57 扣款模式，在此模式可以向 IC 卡写入扣完款的金额数据。Value 为扣款金额数据。

应答包格式

len	adr	event	func	value	crc
1byte	1byte	1byte	1byte	4bytes	4bytes
0x0b	0xXX	0x55	0xXX	0xXXXXXXCC	0xXXXXXXXX

func：节点在收到主机命令并执行后会把 func 字节的最高位置 1 并返回整个数据包给主机。

value：

门禁模式：返回 IC 卡号。

充值模式、扣款模式返回最后的金额数据。

8.2　项目需求

移动端（手机）通过 APP 发出控制命令，通过无线 Wi-Fi 模块发给主机（M3）接收，再通过无线模块 433M，传给对应的节点。

8.3　项目设计

8.3.1　硬件设计（直接传输到 Android 端的相关设计）

硬件连接图如图 8-4 所示。

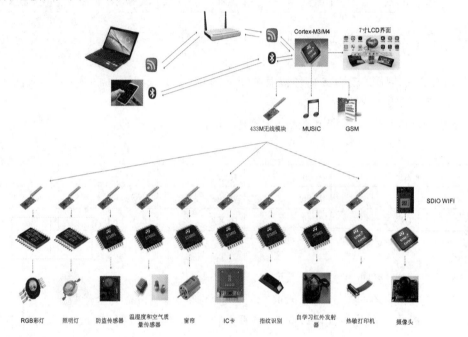

图 8-4　硬件连接图

8.3.2　软件设计（直接传输到 Android 端的相关设计）

main 函数程序设计如下：

```
//main 函数
int main(void)
{
    system_init();              //系统初始化
    OSInit();
    OSTaskCreate(start_task, (void *)0, (OS_STK *)&START_TASK_STK[START_STK_SIZE - 1],
    START_TASK_PRIO );          //创建起始任务
    OSStart();
}
```

8.4 项目实施

8.4.1 硬件环境部署

主机与从机共用 12V、2A 电源。

移动端、Wi-Fi、主机、主机 433 模块、从机 433 模块、相对应从机模块。

8.4.2 主控端项目文件建立、配置及程序编写

1. 主控端节点控制（新建工程参考 1.3.1 节）

在 keil 软件工程中加入如图 8-5 所示的.c 文件及其对应的.h 文件。

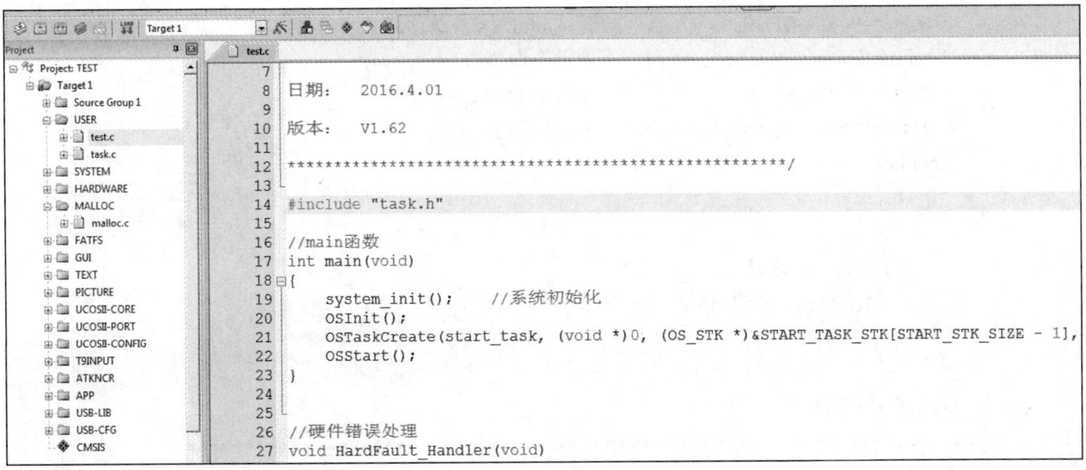

图 8-5 加入.c 和.h 文件

2. 主控端软件设计

```
test.c
/*****************************************************
                智能家居 M3 终端程序
主芯片：STM32F103ZET6
版本：   V1.62


*****************************************************/

#include "task.h"

//main 函数
int main(void)
{
    system_init();      //系统初始化
    OSInit();
    OSTaskCreate(start_task, (void *)0, (OS_STK *)&START_TASK_STK[START_STK_SIZE - 1],
```

```
                START_TASK_PRIO );      //创建起始任务
            OSStart();
        }


        //硬件错误处理
        void HardFault_Handler(void)
        {
            u32 i;
            u8 t = 0;
            u32 temp;
            temp = SCB->CFSR;               //fault 状态寄存器（0XE000ED28）包括 MMSR、BFSR、UFSR
            printf("CFSR:%8X\r\n", temp);   //显示错误值
            temp = SCB->HFSR;               //硬件 fault 状态寄存器
            printf("HFSR:%8X\r\n", temp);   //显示错误值
            temp = SCB->DFSR;               //调试 fault 状态寄存器
            printf("DFSR:%8X\r\n", temp);   //显示错误值
            temp = SCB->AFSR;               //辅助 fault 状态寄存器
            printf("AFSR:%8X\r\n", temp);   //显示错误值
            while(t < 5)
            {
                t++;
                LED1 = !LED1;
                for(i = 0; i < 0X1FFFFF; i++);
            }
        }
```

3. 任务端软件设计

```
    /*****************************************************************
                                任务函数
    *****************************************************************/
    #include "task.h"
    #include "usart2.h"


    __align(8) static OS_STK RF_TASK_STK[RF_STK_SIZE];                       //RF 任务栈
    __align(8) static OS_STK GSM_TASK_STK[GSM_STK_SIZE];                     //GSM 任务栈
    __align(8) static OS_STK VOICE_PLAY_TASK_STK[VOICE_PLAY_STK_SIZE];       //语音提示任务栈
    __align(8) static OS_STK MUSIC_PLAY_TASK_STK[MUSIC_PLAY_STK_SIZE];       //MP3 任务栈
    __align(8) static OS_STK WATCH_TASK_STK[WATCH_STK_SIZE];                 //监视任务栈
    __align(8) static OS_STK USART_TASK_STK[USART_STK_SIZE];
    __align(8)   OS_STK START_TASK_STK[START_STK_SIZE];
    //主任务栈
    __align(8) OS_STK MAIN_TASK_STK[MAIN_STK_SIZE] __attribute__((at(TASK_STK_ADDR)));
    char *Main_Phone_Num1="";      //主号码 1
    char *Main_Phone_Num2="";      //主号码 2


    void start_task(void *pdata)   //开始任务
    {
```

```
OS_CPU_SR cpu_sr=0;
pdata = pdata;
OSStatInit();                          //初始化统计任务，这里会延时 1 秒钟左右
app_srand(OSTime);
gui_init();                            //gui 初始化
piclib_init();                         //piclib 初始化
OS_ENTER_CRITICAL();                   //进入临界区（无法被中断打断）
OSTaskCreate(main_task,(void *)0,(OS_STK*)&MAIN_TASK_STK[MAIN_STK_SIZE-1],
MAIN_TASK_PRIO);
OSTaskCreate(watch_task,(void *)0,(OS_STK*)&WATCH_TASK_STK[WATCH_STK_SIZE-1],
WATCH_TASK_PRIO);
OSTaskCreate(usart_task,(void *)0,(OS_STK*)&USART_TASK_STK[USART_STK_SIZE-1],
USART_TASK_PRIO);
OSTaskCreate(music_play_task,(void *)0,(OS_STK*)&MUSIC_PLAY_TASK_STK
[MUSIC_PLAY_STK_SIZE-1],MUSIC_PLAY_TASK_PRIO);
OSTaskCreate(Voice_task,(void *)0,(OS_STK*)&VOICE_PLAY_TASK_STK
[VOICE_PLAY_STK_SIZE-1],VOICE_PLAY_TASK_PRIO);
OSTaskCreate(GSM_task,(void *)0,(OS_STK*)&GSM_TASK_STK[GSM_STK_SIZE-1],
GSM_TASK_PRIO);
OSTaskCreate(RF_Send_task,(void *)0,(OS_STK*)&RF_TASK_STK[GSM_STK_SIZE-1],
RF_TASK_PRIO);
OSTaskSuspend(START_TASK_PRIO);        //挂起起始任务
OSTaskSuspend(RF_TASK_PRIO);           //挂起 GSM 任务
OS_EXIT_CRITICAL();                    //退出临界区（可以被中断打断）
}

u8 m_dat=0;
OS_EVENT *PlayFlagmbox;                //语音播放状态控制块
OS_EVENT *Playmbox;                    //事件控制块
void main_task(void *pdata)            //主任务
{
    u8 selx;
    lcddev.width=800;
    lcddev.height=480;

    PlayFlagmbox  =    OSSemCreate(0);        //创建邮箱
    Playmbox      =    OSMboxCreate((void*)0);  //创建邮箱
    spb_init();                               //SPB 初始化
    if(systemset.voicepmode)                  //播放宣传语音
    {
        m_dat=Welcome;
        OSMboxPost(Playmbox,(void*)&m_dat);   //播放宣传语音
    }
    else
    {
        OSSemPost(PlayFlagmbox);              //允许 MP3 播放器
```

```
        }
        OSTaskResume(RF_TASK_PRIO);

        while(1)
        {
            selx=spb_move_chk();
            system_task_return=0;                    //清退出标志
            switch(selx)                             //发生了双击事件
            {
                case 0:                              //电子图书
                    ebook_play();
                    SLCD.show(SLCD.pos);             //显示主界面
                    break;
                case 1:                              //日历
                    calendar_play();
                    SLCD.show(SLCD.pos);             //显示主界面
                    break;
                case 2:                              //mp3
                    mp3_play();
                    SLCD.show(SLCD.pos);             //显示主界面
                    break;
                case 3:                              //设备配置
                    Device_Config();
                    SLCD.show(SLCD.pos);             //显示主界面
                    break;
                case 4://wifi 设置
                    Wifi_Config();
                    SLCD.show(SLCD.pos);             //显示主界面
                    break;
                case 5:                              //系统设置/USB 连接
                    sysset_play();
                    SLCD.show(SLCD.pos);             //显示主界面
                    break;
                case 6:                              //控制中心
                    Set_Light();
                    SLCD.show(SLCD.pos);             //显示主界面
                    break;
                case 7:                              //电话
                    sim900a_test();
                    SLCD.show(SLCD.pos);             //显示主界面
                    break;
                case 8:                              //消费打印
                    Consumer_Print();
                    SLCD.show(SLCD.pos);             //显示主界面
                    break;
                case 9:                              //门禁
```

```
                IC_CARD_CHECK();
                SLCD.show(SLCD.pos);                      //显示主界面
                break;
        case 10:                                         //记事本
                SLCD.show(SLCD.pos);                      //显示主界面
                break;
        case 11:                                         //计算器
                SLCD.show(SLCD.pos);                      //显示主界面
                break;
        default:                                         //无效的双击
                delay_ms(1000/OS_TICKS_PER_SEC);          //延时一个时钟节拍
                break;
        }
    }
}
//执行最不需要时效性的代码
void usart_task(void *pdata)
{
    u16 alarmtimse=0;
    pdata=pdata;
    while(1)
    {
        delay_ms(500);
        if(alarm.ringsta&1<<7)                           //执行闹钟扫描函数
        {
            calendar_alarm_ring(alarm.ringsta&0x3);       //闹铃
            alarmtimse++;
            if(alarmtimse>300)                            //超过 300 次了，5 分钟以上
            {
                alarm.ringsta&=~(1<<7);                    //关闭闹铃
            }
        }else if(alarmtimse)
        {
            alarmtimse=0;
            BEEP=0;                                        //关闭蜂鸣器
        }
    }
}
volatile u8 system_task_return=0;                         //强制要求任务返回
volatile u8 Theft_Cont=0;                                 //防盗检测次数用
volatile u8 Fd_Flag=1;
volatile u8 RF_Busy_Flag=0;

//监视任务
void watch_task(void *pdata)
{
```

```
        u8 t=0,SFlag=0;                              //A_flag=0，t_con=0
        u8 rerreturn=0;
        u8 key;
        SFlag=SFlag;
        pdata=pdata;
        while(1)
        {
            if(alarm.ringsta&1<<7)                   //闹钟在执行
            {
                calendar_alarm_msg(20,70);           //闹钟处理
                SLCD.show(SLCD.pos);                 //显示主界面
            }
            if(gifdecoding)                          //gif 正在解码中
            {
                key=pic_tp_scan(0);
                if(key==1||key==3)gifdecoding=0;     //停止 GIF 解码
            }
            if(t==3)LED0=1;                          //亮 100ms 左右
            if(t==80)                                //2.5 秒钟亮一次
            {
                LED0=0;
                t=0;
            }
            t++;
            if(rerreturn)                            //再次开始 TPAD 扫描时间减一
            {
                rerreturn--;
                delay_ms(25);                        //补充延时差
            }
            else if(KEY_Scan(1)==KEY_UP)
            {
                rerreturn=10;                        //下次必须 100ms 以后才能再次进入
                system_task_return=1;
                if(gifdecoding)gifdecoding=0;        //不再播放 gif
            }
            else if(KEY_Scan(1)==KEY_DOWN)
            {
                Screenshot(800,480);                 //截图并自动保存在 SD 卡上
            }
            delay_ms(10);
        }
    }
```

```
/*******************************************************************
函数名：void GSM_task(void *pdata)
功能：GSM 任务
```

入口参数：无

返回值：无

***/

```c
u8 mcon=0;

void GSM_task(void *pdata)
{
    u8 DTMF_Dat=0,SMS_Dat=0;                    //t_con=0，SFlag=0
    u8 Send_Sms_Flag=0,S_con=0,Tcone=0;
    pdata=pdata;
    while(1)
    {
        Wifi_Dat_Ctrl(&mes_read);
        if(USART2_RX_STA&0X8000)        //接收到一次数据了
        {
            SMS_Dat=Sms_Get(Main_Phone_Num1,Main_Phone_Num2);
            DTMF_Dat=Sim900a_DTMF_Get(Main_Phone_Nu m1,Main_Phone_Num2);
            USART2_RX_STA=0;
        }
        if(DTMF_Dat>0)
        {
            if(DTMF_Dat=='*' || DTMF_Dat=='#' || DTMF_Dat==0XAA || DTMF_Dat==0x55)
            {
                if(DTMF_Dat==0xaa || DTMF_Dat=='*')     //自动摘机或按下"*"号键
                {
                    mcon=Phonewelcome;
                }
                else if(DTMF_Dat==0x55) //挂机
                {
                    mcon=0;                 //表示挂机
                    Fd_Flag=1;
                }
            }
            else
            {
                DTMF_Dat-=0x30;
                switch(DTMF_Dat)
                {
                    case 1:Device.Sta^=0X01;
                        if(Device.Sta&0x01)
                        {
                            mcon=White_open;
                        }
                        else
                        {
                            mcon=White_off;
```

```
                        }
                        RF_Send_Dat(&Device,&RF_send,1);
                            break;
                    case 2:Device.Sta^=0X02;
                        if(Device.Sta&0x02)
                        {
                            mcon=RGB_open;
                        }
                        else
                        {
                            mcon=RGB_off;
                        }
                        RF_Send_Dat(&Device,&RF_send,2);
                            break;
                    case 3:Device.Sta^=0X04;
                        if(Device.Sta&0x04)
                        {
                            mcon=Curtain_open;
                        }
                        else
                        {
                            mcon=Curtain_off;
                        }
                        Device.cdat=3000;
                        RF_Send_Dat(&Device,&RF_send,3);
                            break;
                    case 4:mcon=All_on;
                            All_Open();
                            break;
                    case 5:mcon=All_off;
                            All_Close();
                            break;
                    default:mcon=0;
                            break;
                }
                AT24CXX_Write(DEVICE_SAVE_ADDR_BASE,&Device.rzkb,
                DEV_DAT_NUM);    //保存更改
        }
        DTMF_Dat=0;
        OSMboxPost(Playmbox,(void*)&mcon);
    }

    if(SMS_Dat>0)    //短信指令处理
    {
        Send_Sms_Flag=1;
        S_con=SMS_Dat-1;
```

```
            Set_Device(SMS_Dat);
            SMS_Dat=0;
        }
        if(Send_Sms_Flag && ++Tcone>8)
        {
            LED1=!LED1;
            Send_Sms_Flag=0;
            Tcone=0;
            if(S_con<10)My_Sms_Send((char *)Sms_Cmd_OK[S_con],Main_Phone_Num1);
            else if(S_con==12)Send_Help_Sms(Main_Phone_Num1);
        }
        delay_ms(300);
    }
}
```

8.4.3　节点端项目文件建立、配置及程序编写

接好电源及下载器 ST-Link 后，点 LOAD 下载到主机中。

（1）照明节点工程：参考 1.3.2 节新建工程，在软件 IAR 左边的工程中加入.c 及对应的.h 文件，如图 8-6 所示。

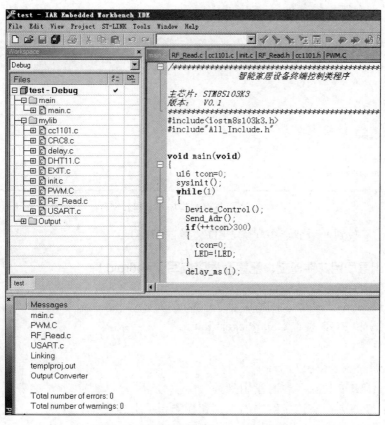

图 8-6　照明节点程序加入.c 和.h 文件

编译成功，下载到 LED 节点中。

（2）通用节点工程：请参考 1.3.2 节新建工程。

在软件 IAR 左边的工程中加入.c 及对应的.h 文件，如图 8-7 所示。

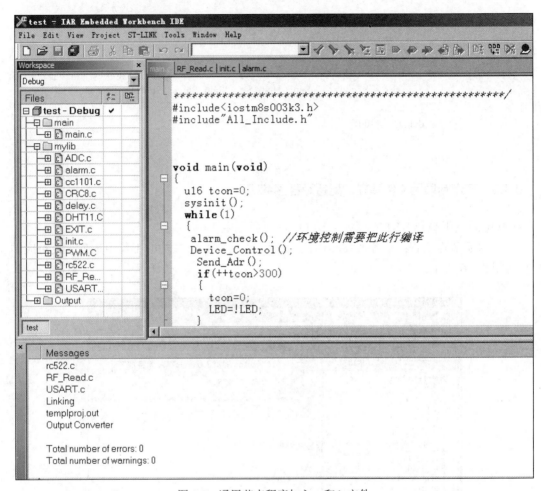

图 8-7　通用节点程序加入.c 和.h 文件

编译成功，下载到通用节点中（除 LED 之外的节点）。

8.4.4　应用层项目文件建立、配置及程序编写（Android）

项目结构如图 8-8 所示，包括闪屏页 mainActivity、新手引导页 GuideActivity、主页 IntelligentActivity 和 RGB 设置 ColorPickerView。

包的分类如下：

● Service：Socket 协议。

● Socket：UDP 协议（暂时没用到）。

● Utils：工具包，有连接网络的工具和检测新手引导页的工具类。

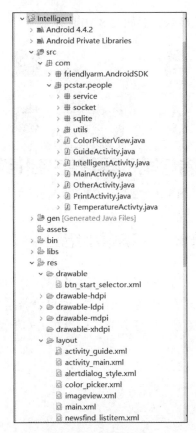

图 8-8　项目结构图

8.5　项目运行调试

（1）安装智能家居手机 APP，安装后智能家居移动端软件界面如图 8-9 所示。

图 8-9　智能家居移动端软件界面

（2）下载主机程序，主机显示界面如图 8-10 所示。

图 8-10　智能家居主机端显示界面

本章小结

本章主要讲述智能家居——移动端应用方面的内容，分别从知识背景、项目需求、项目设计、项目实施、项目运行调试等角度展开阐述，注重培养结合相应硬件上机建立智能家居——移动端应用程序并调试的能力，以任务方式引出相关知识点，便于快速掌握相关知识。

参考文献

[1] 陈志旺，等. STM32 嵌入式微控制器快速上手[M]. 北京：电子工业出版社，2014.

[2] 李红，钟铮. 嵌入式 C 语言程序设计教程[M]. 北京：机械工业出版社，2013.

[3] 李增国，易运池，戚玉强，等. 传感器应用与检测技术[M]. 北京：北京航空航天大学出版社，2012.

[4] 王苑增，黄文涛，何宙兴. 基于 ARM Cortex-M3 的 STM32 微控制器实战教程[M]. 北京：电子工业出版社，2014.

[5] 刘波文，孙岩. 嵌入式实时操作系统 μC/OS-II 经典实例——基于 STM32 处理器 [M]. 2 版. 北京：北京航空航天大学出版社，2014.

[6] 张凯龙. 嵌入式系统体系、原理与设计[M]. 北京：清华大学出版社，2017.